JIYU FENBUSHI GUANGXIAN CHUANGAN JISHU
DE HAIDI DIANLAN ZHUANGTAI JIANCE

基于分布式光纤传感技术
的海底电缆状态监测

吕安强 著

中国电力出版社
CHINA ELECTRIC POWER PRESS

内 容 提 要

    海底电缆是岛屿和海上石油平台供电、海上风电场输电的重要通道，实时获取运行状态，确保其安全稳定运行，对保障经济与社会发展意义重大。由于海底电缆深埋海底，人工巡检方式实现困难，采用电子式测量手段存在电磁干扰严重、在线检测困难等突出问题，利用分布式光纤传感技术进行状态监测可以克服以上问题，具有测量距离长、精度高、实时性好、不受电磁干扰等优点。

    本书总结了作者近 10 年的研究成果，全面系统地介绍了基于分布式光纤传感的海底电缆状态监测理论、技术和软硬件实现方法。全书共 7 章，主要包括海底电缆及传统监测方法、分布式光纤传感技术、基于分布式光纤传感的海底电缆状态监测关键技术、海底电缆状态参量的获取、海底电缆电热与机械故障的建模与试验、海底电缆故障检测与诊断、基于分布式光纤传感技术的海底电缆状态监测软硬件系统。

    本书可作为电气、自动化、电子信息类专业的本科和研究生教材，同时可供从事海底电缆运维技术研究和应用的科技及工程人员参考。

图书在版编目（CIP）数据

    基于分布式光纤传感技术的海底电缆状态监测/吕安强著 . —北京：中国电力出版社，2024.5

    ISBN 978 - 7 - 5198 - 6232 - 9

    Ⅰ.①基⋯　Ⅱ.①吕⋯　Ⅲ.①海底电缆－监视控制　Ⅳ.①TM248

    中国国家版本馆 CIP 数据核字（2024）第 055378 号

出版发行：中国电力出版社
地　　址：北京市东城区北京站西街 19 号（邮政编码 100005）
网　　址：http://www.cepp.sgcc.com.cn
责任编辑：冯宁宁（010 - 63412537）
责任校对：黄　蓓　朱丽芳
装帧设计：赵姗杉
责任印制：吴　迪

印　　刷：北京锦鸿盛世印刷科技有限公司
版　　次：2024 年 5 月第一版
印　　次：2024 年 5 月北京第一次印刷
开　　本：700 毫米×1000 毫米　16 开本
印　　张：9.5
字　　数：178 千字
定　　价：35.00 元

前　言

海底电缆的使用已超过百年，在近几十年得到广泛的应用。随着沿海经济的快速发展、海岛供电需求的大幅上升、海上工作平台和海上风电场建设规模的增大，海底电缆已经成为给海洋开发活动提供能源支撑的纽带。近年来随着光纤通信技术的发展和制造水平的提高，以及交联聚乙烯（Cross Linked Poly-ethylene，XLPE）绝缘技术的发展，采用光纤复合技术的 XLPE 绝缘海底电缆（简称海底电缆）开始逐渐得到推广应用。

海底电缆逐渐承担起电力输送和信息通信的双重作用，其重要性得到进一步提升。然而，海底电缆结构复杂、质量大、价格高，在运输、敷设、运行中受盘绕、拉伸、锚砸、钩挂、洋流冲刷、负荷电流变化等各种因素影响，锚害、磨损、绝缘劣化、短路等故障时有发生，给生产和生活带来了巨大的经济损失。据统计，交联聚乙烯绝缘电缆在运行初期，因为电缆、附件、敷设安装等质量问题易发生故障；运行中期，线路故障率较低，但故障类型很多，主要包括绝缘老化故障、附件界面处沿面放电、外力破坏等；运行末期，电缆本体绝缘发生树枝老化、电热老化、附件老化等现象，电力电缆的故障率大幅上升。由于海底电缆比一般电力电缆结构更复杂、运行环境更恶劣，导致其生命周期更短、故障率更高。因此，研究一种有效的海底电缆健康状态监测方法，实时检测海底电缆的机械和电气故障，及时发现故障隐患并进行故障诊断，是保障海底电缆正常运行的重要条件之一。

本书全面系统地介绍了基于分布式光纤传感的海底电缆状态监测理论、技术和软硬件实现方法。全书共 7 章，第 1 章关于海底电缆及传统监测方法，介绍了海底电缆的应用背景、领域和在输电中的重要作用，给出了单芯和三芯海底电缆的通用结构，海底电缆常规监测方法优缺点；第 2 章介绍了适用于海底电缆监测的分布式光纤传感技术基本原理，包括衰减、温度、应变和振动的分布式测量；第 3 章介绍了基于分布式光纤传感的海底电缆状态监测关键技术，包括传感系统参数优化配置、现场传感光路关键点定位、光纤应变和温度系数标定、应变和温度区分测量等；第 4 章介绍了海底电缆状态参量的获取，包括利用热路模型、有限元模型求解导体和光纤的温度关系及应变关系，以及试验验证方法；第 5 章介绍了海底电缆电热与机械故障的建模与试验，对短路、漏电、锚害、涡激振动进行了建模、试验和分析，给出了故障特征数据；第 6 章介绍了海底电缆故障检测与诊断，包括故障特征分析和诊断算法；第 7 章介绍了海底电缆状态监测软硬件系统，给出了系统设计方案和实现方法，将光纤传感、视频监控、船舶信息自动识别等技术结合起来，实现了海底电缆的全方位健康状态监测。

本书由华北电力大学吕安强著，是作者近 10 年海底电缆状态监测理论研究和工程实践的总结，内容跨学科，交叉特色明显，作者所在团队老师和研究生参与了研究工作。感谢李永倩、杨志、李星蓉、孙景芳、潘德锋等老师对研究工作的支持，感谢张旭、段佳冰、陈永、寇欣等研究生对研究工作的贡献。

本书研究内容得到国家自然科学基金委员会、河北省自然科学基金委员会、国网福州供电公司、国网舟山供电公司的基金和项目资助，得到上海电缆研究所、上海上缆藤仓电缆有限公司的试验支持，在此表示感谢。

由于作者水平有限，加之光纤传感技术及海底电缆监测技术发展迅速，新概念、新应用层出不穷，书中难免存在疏漏之处，恳请广大专家、读者批评指正。

编　者
2024 年 3 月

目　录

第 1 章

海底电缆及传统监测方法

1.1 海底电缆介绍

海底电缆的使用已超过百年，在近几十年得到广泛的应用[1-4]。随着沿海经济的快速发展、海岛供电需求的大幅上升、海上工作平台和海上风电场建设规模的增大，海底电缆已经成为给海洋开发活动提供能源支撑的纽带。近年来随着光纤通信技术的发展和制造水平的提高，以及交联聚乙烯（Cross Linked Polyethylene，XLPE）绝缘技术的发展，采用光纤复合技术的 XLPE 绝缘海底电缆（简称海底电缆）开始逐渐得到推广应用。海底电缆逐渐承担起电力输送和信息通信的双重作用，其重要性得到进一步提升。然而，海底电缆结构复杂、重量大、价格高，在运输、敷设、运行中受盘绕、拉伸、锚砸、钩挂、洋流冲刷、负荷电流变化等各种因素影响，锚害、磨损、绝缘劣化、短路等故障时有发生[5-9]，给生产和生活带来了巨大的经济损失。据统计，交联聚乙烯绝缘电缆在运行初期，因为电缆、附件、敷设安装等质量问题易发生故障；运行中期，线路故障率较低，但故障类型很多，主要包括绝缘老化故障、附件界面处沿面放电、外力破坏等；运行末期，电缆本体绝缘发生树枝老化、电热老化、附件老化等现象，电力电缆的故障率大幅上升[10]。海底电缆比一般电力电缆结构更复杂、运行环境更恶劣，导致其生命周期更短、故障率更高。因此，研究一种有效的海底电缆健康状态监测方法，实时检测海底电缆的机械和电气故障，及时发现故障隐患并进行故障诊断，是保障海底电缆正常运行的重要条件之一。

常见的海底电缆结构如图 1-1 所示，由内向外依次为导体、导体屏蔽、绝缘、绝缘屏蔽、半导电阻水带、铅合金护套、沥青防腐层、高密度聚乙烯、填充条（含光单元）、钢丝铠装、绳被层。导体用于输送电能，多采用多股铜丝绞制而成，其截面积一般由载流量决定；绝缘厚度一般由电压等级决定；铅合金护套起到防水密封作用；高密度聚乙烯用于保护铅合金护套免受外界损伤；有些海域有凿船虫，所以再往外是抗凿船虫的黄铜带，这一层是选配。海底电缆一般同时承担通信任务，所以需要 2 根光单元，为了保证结构的稳定性，PET

填充条采用绞合结构缠绕在黄铜带外侧，复合的两个光单元对称绞合在 PET 填充条层，其直径略小于 PET 填充条。钢丝铠装用于保护海底电缆免受外界机械威胁；绳被层起到包装作用，一般没有机械保护功能。光单元中包含多根单模或多模光纤，松弛地串在不锈钢管中，外面是聚乙烯护套。为了减小光纤和钢管内壁的摩擦力，同时为了防水，在钢管内填充了油膏。以 YJQ41 型 110kV 单芯交流光纤复合海底电缆为例，其结构尺寸如表 1-1 所示，图 1-1 中的序号对应表 1-1 中序号。

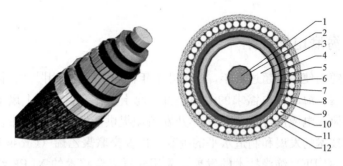

图 1-1　单芯海底电缆的结构

表 1-1　　YJQ41 型 110kV 单芯交流光纤复合海底电缆的结构尺寸

序号	结构	导体截面 300mm²	
		厚度（mm）	计算外径（mm）
1	绞合铜导体（阻水）和导体包带	—	20.8
2	导体屏蔽	1.0	22.8
3	XLPE 绝缘	18.5	59.8
4	绝缘屏蔽	1.0	61.8
5	半导电阻水带（纵向阻水）	2×0.5	64.3
6	铅合金护套	4.0	72.3
7	沥青防腐层	0.25	72.6
8	高密度聚乙烯塑料护层	4.8	82.2
9	黄铜带（抗凿船虫结构），PET 填充条（Φ6.0），两根光单元（各 8 芯 Φ5.9），沥青，PP 绳内衬层	0.12+Φ6.0	97.8
10	镀锌钢丝铠装层	Φ6.0	109.8
11	沥青 PP 绳被层	2.0	112.1
12	沥青 PP 绳被层	2.0	114.7
计算重量（kg/km）		32195	

电力系统交流输电一般需要 A、B、C 三相，因此采用单芯结构海底电缆的输电通道一回至少需要三根，为了避免相间感应，以及尽量降低通道受损率，通常每相海底电缆间隔几十米以上，这样就占用了较宽的输电廊道，给施工带来了困难。为了减少廊道占用，在载流量较小的情况下，可以采用三芯结构，如图 1-2 所示。该结构将三个线芯绞缠在一起，然后再用包带捆到一起，外面再加上铠装和外被层。其中，线芯和单芯海底电缆中的一样，包含从导体到高密度聚乙烯护套的各层结构。另外，为了保证三芯海底电缆的整体圆整性，在三个线芯外面加入填充材料，同时将一根或两根光单元放入填充内。

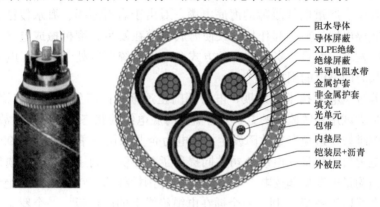

图 1-2 三芯海底电缆的结构

1.2 海底电缆监测方法

1.2.1 基于电信号的海底电缆状态监测技术

海底电缆主要应用于岛屿和海上石油平台供电、海上风电场输电等重要场合，由于运行环境恶劣，其机械和电气性能经常受到威胁。造成海底电缆故障的原因主要有机械损伤、绝缘老化变质、过电压、材料缺陷、设计和制作工艺不良以及护层腐蚀等。根据历年来对海底电缆故障的统计[11-14]，故障的原因主要包括船舶抛锚引发的损伤、电缆护管及岩石与缆体之间摩擦造成的磨损、地壳变动造成的拉伸损伤、洋流和潮汐引起的移位和摆动、海洋微生物和有机体对缆体的化学腐蚀等，此外，海潮切割地磁场的垂直分量在海洋中产生感应电势，使缆体内铠装钢丝中感生电流，令钢丝受到不同程度的电蚀，时间久了也会引发故障[15]。这些最终导致破损、断裂、漏电、接地、短路等机械和电气故障。相关的案例有很多[16-17]，如福建沿海海底电缆锚害导致的全岛停电、舟山群岛海底电缆磨损导致的缆体损坏、台湾海域发生地震造成的缆体断裂等。

为了保证海底电缆的出厂质量，国际大电网会议（CIGRE）专门就此议题组织小组研究，三易版本提出了试验方法[18-19]，指出额定电压大于 36kV（交流）或 100kV（直流）的电力电缆应采用此试验方法考核海底电缆（含工厂软接头）的机械和电气性能水平。该实验方法在一定程度上保证了海底电缆投运时的质量，但投运后的海底电缆运行条件恶劣，受环境和人为因素影响较多，不可避免地出现破损、绝缘劣化、接地短路，甚至断路等故障。为此，国内外科研人员开展了大量的研究和实践，总结了电力电缆故障的检测和定位方法[20-24]。在早期，故障发生后一般用万用表、兆欧表等测量故障电缆的相间、相对地的绝缘电阻，结合电缆和绝缘电阻的测量情况大体判断电缆的故障类型，适合于发生了严重电气故障的海底电缆。对由于岩石磨损、海水侵蚀、锚损等导致的非停电性故障不起作用，致使海底电缆在发生轻度机械或电气故障时不能被及时发现。而且，事后处理的方式令电力系统调度处于被动，电力用户常常面临长时间停电的困扰。

随着智能电网技术的发展，电力部门正逐渐从故障维修向状态检修转变。科研人员尝试用在线监测的方式实时监测海底电缆的状态，及时发现故障隐患，合理组织维修，避免严重故障发生，给电力企业和用户争取时间。1992 年，日本东京电力公司和日立电缆公司共同提出了差分法，利用安装在电缆接头两侧的金属箔测量电缆局部放电[25]；1995 年，德国柏林的 400kV XLPE 绝缘电缆局部放电在线监测系统[26]利用一个插在电缆绝缘上的电极板、一个罗戈夫斯基线圈和两个终端阻抗构成的方向耦合器耦合局部放电信号；1998 年，瑞士研制了由罗氏线圈、前置放大器和频谱分析仪等组成的 170kV XLPE 绝缘电缆局部放电在线监测系统[27]；2003 年，英国南安普敦大学、英国电网公司和西安交通大学共同研究了超高频电容耦合法在线检测 XLPE 绝缘电缆局部放电[28]；之后，又出现了超高频电感耦合法和超声波检测法监测局部放电。以上这些方法由于外界强电磁干扰源多、信号微弱、信号原始波形畸变严重、局部放电脉冲信号识别困难等原因，实际应用效果不佳。2013 年，国网公司的罗立华通过模拟实验与工程案例分析，提出在线智能检测护套层感应电压及接地环流的方法，解决了主绝缘与护套层绝缘正确区分的难题[29]；同年，天津大学的杜伯学建立了单芯电缆交叉互联接地方式下接地电流的数学计算模型，并通过分析接地电流计算值与测量值之间差值的大小，判断电缆接地系统是否存在缺陷或故障隐患[30]。接地电流法能对整条电缆的绝缘性能进行定性分析，但不能进行故障定位。2012 年，颜廷纯等分析了瞬时性故障（接地和短路）以及局部放电的行波特征，提出了利用双端行波测距技术进行瞬时性故障以及局部放电定位与绝缘状况监测[31]，但该方法需要双端行波达到严格的同步。有科研人员用 $\tan\delta$ 法通过测量介质损耗角正切反映电缆线路绝缘整体性能的优劣，该方法对过零点的检测精度要求很高，且无法刻画线路局部因老化、受潮等因素引发的绝缘劣化。

之后出现的红外热成像检测法[32]利用红外热成像技术检测电缆因故障导致的局部发热,证明了温度可以作为表征电缆电气故障的特征量,但其只能应用于可视的有限范围之内,不适合海底电缆状态监测。以上除红外热成像法,其他方法都基于电子测量技术,且都用于电气状态监测,易受电磁干扰影响,不能获得海底电缆的机械状态。在此背景下,亟须研究一种不受电磁干扰、适应恶劣环境、长距离、分布式的机械和电气状态监测方法。

1.2.2　基于分布式光纤传感技术的海底电缆状态监测技术

1995 年,日本研究人员 Nishimoto T[33] 和 Hirohumi T[34] 利用光时域反射计(Optical Time Domain Reflectometer,OTDR)和拉曼光时域反射计(Raman Optical Time Domain Reflectometer,ROTDR),对 66kV 及 6.6kV 高压海底电缆进行了温度、铠装磨损及锚害监测;1996 年,Marc Niklès 等人利用受激布里渊散射原理测量了湖底高压电缆内复合光纤的布里渊散射频移,分析了频移与应变、温度分布的关系[35];2008 年,横跨亚喀巴湾海峡,连接埃及和约旦的 400kV 海底电缆及加拿大国内某海岛上 525kV 充油高压海底电缆都采用 ROTDR 技术进行了温度监测[36];2005 年,Kjell Olafsen 和 Randi Floden 等人研究了 XLPE 绝缘海底电缆的电气性能,证明了温度超过 90℃后,即使是在低电场环境下,XLPE 绝缘海底电缆也会发生严重的绝缘退化,说明了监测绝缘温度的必要性[37]。2007—2009 年,蒋奇、杨黎鹏先后利用布里渊光时域反射计(Brillouin Optical Time Domain Reflectometer,BOTDR)测量了三相海底电缆的内部温度变化和外力变化,进行了相应的温度和应变实验,证明了利用 BOTDR 进行海底电缆温度和应变监测的可行性[38-40];2009 年,田培根等人在研究锚害对海底光缆线路的安全威胁及应对措施后,建议采用基于布里渊散射特性的 BOTDR 完成光纤的应变特性监测;同年,朱晓辉等人总结了电缆系统缺陷,发现受外施电场作用,缺陷处会发生介质损耗增大、局部放电和温升等物理现象,这些现象会表现成电、热、声、光等形式,通过在线检测以上信息,能够及时掌握电缆系统的运行状态[41];2011 年,黄荣钦发现故障发生前一段时间内,地下电力电缆常出现温度上升,同时,过负荷导致的电缆高温也最容易引发电缆故障,因此,监控温度是一种极为有效的方法,可有效解决地下电缆监测难度大、常规手段无法起作用的问题[42]。以上研究为利用分布式光纤传感技术进行海底电缆状态监测奠定了基础,但都局限于定性分析和可行性探讨,没有给出故障检测和诊断的具体方法。

近几年,国内陆地电缆逐渐使用 ROTDR 和传感光缆监测表皮温度,通过表皮温度推算导体温度。2005 年,刘毅刚根据电缆等效热路与电路在数学形式上相似的特点建立了陆地电缆的热路模型,理论证明了利用电缆外护套表面实测温度推算电缆导体温度的可行性[43]；2009 年，牛海清只考虑导体电流变化和电缆表皮温度变化，分别建立了两个热路模型，完成了根据陆地电缆表面温度推算导体温度的暂态计算[44]。时至今日，人们仍普遍采用热路模型方式计算陆地电缆各层的温度关系。但是，热路模型均基于 IEC60287 标准[45]，认为电缆各层是均匀一致的圆环体，无法考虑海底电缆的复杂结构特点及层间气隙分布，直接用于海底电缆将导致较大计算误差[46]。Tarasiewicz E[47]和梁永春[48]分别在 1985 年和 2007 年首次采用有限元分析方法通过陆地电缆外护套温度推算出电缆导体的实时温度，证明了有限元法的可行性；2012 年，陆莹等人建立了 XLPE 绝缘高压海底电缆的有限元模型，分析了利用分布式光纤传感器监测高压海底电缆时，海缆受外力损坏过程中内部物理量的变化[49]；同年，李高建等人利用地理信息系统和布里渊散射原理建立分布式海底电缆监测软件系统，定性给出了几种曲线变化对应的常见故障类型[50]。以上研究始于陆地电缆，逐渐拓展到海底电缆，初步证明了分布式光纤传感技术应用于海底电缆状态监测的可行性。但是，海底电缆与陆地电缆相比结构更复杂、运行环境更恶劣、影响因素更多；用于陆地电缆的热路模型直接用于海底电缆会导致更大的计算误差甚至错误；对海底电缆的热力学研究不深入，未考虑海底电缆两端直接接地带来大接地环流的影响；对海底电缆力学研究没有考虑光单元绞合节距、光纤余长的影响。

1.2.3　海底电缆故障检测与诊断算法

2000 年，W. Zhao 等人利用 ATP/EMTP 软件对 400kV 地下电缆进行了故障仿真，采用 8 尺度 Daubechies 小波变换对仿真结果数据进行了故障检测和分类[51]；2007 年，R. N. Mahanty 等人利用模糊逻辑算法对三相电缆传输系统中的电流采样值进行分析，设计了故障分类算法，通过对 EMTP 软件仿真的故障数据进行测试证明了方法可行性[52]；2008 年，罗静设计的算法充分利用了神经网络在模式识别和故障诊断方面的优势，解决了海底光缆故障分类问题，尤其是复杂故障情况下的故障分类问题，为故障诊断算法的选取提供了启示[53]；2009 年，远航对波浪作用下埕岛油田海底管线稳定性进行了数值分析，从研究结果可以推断，波浪与潮汐对裸置和埋置海缆的短期应变影响很小，长期应变主要来自余流导致海缆较长区段单方向平移引起的海缆局部区域拉力增加[54]；2011 年，Abhishek Pandey 等人对地下电缆在正常、短路和带孔三种状态下运行情况进行了试验，利用傅里叶变换计算其在频域内的阻抗幅度和相位，进行了电气故障的检测和诊断研究[55]。

2012 年，刘辉基于高压脉冲注入法检测技术，综合利用小波去噪、DNA 遗传算法、GSA - BP 混合算法进行了电力电缆故障检测与诊断的研究，设计了一种电力电缆线路故障诊断多智能体模型，该模型可以根据故障征兆和故障间联系进行模糊推理[56]；鲍永胜提取了放电脉冲信号的等效时宽与等效频宽，作为分类特征量，提出利用新的聚类有效性函数判断最佳聚类数，采用传统 PRPD 统计算子构成放电指纹特征向量，再利用支持向量机算法判断放电模式，建立了局部放电在线监测与故障诊断系统[57]；M. García‐Gracia 等人利用小波变换提取模极大值的方法提高过零瞬态故障中高频分量的空间分辨率，对 132kV 地下电缆传输系统在 PSCAD/EMTDC 软件中的仿真数据进行了故障检测和定位，证明了方法的可行性[58]；J. Upendar 等人使用 MATLAB/SIMULINK 仿真并获得了 400kV 电缆故障时的电流数据，利用小波变换提取三相电流中的隐藏故障信息，再带入分类回归树中，利用统计决策树算法进行了故障分类[59]。

2013 年，杨春宇对比分析了 10kV 配电网中性点各种接地方式的特点，利用 ATP‐EMTP 建立了中性点经小电阻接地方式下的电缆故障模型，并进行了仿真，提取了电缆故障数据，利用小波包分解提取电缆故障特征，构建 RBF 网络结构进行了陆地电缆故障诊断[60]；张正超利用双指数函数模型研究局部放电信号传播规律，使用提升小波算法提取绝缘故障信号特征量，同时提取局部放电信号的 PRPD 模式指纹特征，建立了基于 BP 人工神经网络的故障模式识别算法[61]；Huseyin Eristi 综合利用小波变换和神经模糊推理算法，提取串联补偿传输线上故障电压和电流一个周波中的基频、谐波和瞬态特征，进行故障段识别、分类和定位，在 MATLAB/SIMULINK 中对 400kV 的 300km 电缆的十种故障进行了仿真，利用仿真数据验证了算法的可行性[62]。

综上所述，随着电力工业的发展，对电力电缆故障检测与诊断的研究与日俱增，国内研究略多于国外。研究对象都是电力电缆故障中的瞬态电信号，采用的方法有模糊算法、小波变换和神经网络等，验证方式都基于 EMTP、PSCAD/EMTDC 或 MATLAB/SIMULINK 软件的仿真结果。由于电力电缆故障信号受运行高电压干扰严重，故障信号测量困难，这从本质上限制了故障检测和诊断算法的性能；而且，所有研究都是基于电气故障进行的，没有涉及机械故障，而机械故障往往是电气故障的诱因。因此，有必要采用新型的检测手段，获取反应电力电缆，特别是光纤复合海底电缆的机械和电气故障信息，进而设计相应的故障检测和诊断算法，进行准确的故障报警和分类。

本 章 小 结

本章介绍了海底电缆的功能和结构，分析了海底电缆现有的监测方法，对比了基于电信号和分布式光纤传感技术进行监测的优缺点，以及目前存在的问题，介绍了海底电缆的现有故障检测和诊断算法，为深入阐述分布式光纤传感技术在海底电缆状态监测上的应用奠定了基础。

第 2 章

分布式光纤传感技术

分布式光纤传感技术是 20 世纪 70 年代伴随着光通信技术迅速发展起来的一项重要技术，它以光纤作为传感器的敏感部件，能够实现长距离全分布式的传感。分布式光纤传感器利用光场沿着光纤传播时发生受环境（如温度、应变、振动）影响的散射效应来感知外部环境，通过分析前向或后向散射光的光强、频移、相移等信息得到一维环境信息。它同时具备了体积小、重量轻、灵敏度高、抗电磁干扰、耐腐蚀等传统传感器所不具备的优点，在电力、石油、化工、建筑等领域具有广阔的应用前景。近年来，由于激光光源和光纤放大器等光器件的快速发展，使研究开发应用于大范围监测环境的光纤传感器成为可能，世界各国都在积极促进这一技术的发展。

与传统的电传感器相比，分布式光纤传感器具有非常明显的技术优势。

（1）抗电磁干扰，耐腐蚀，安全可靠。光纤传感器利用光波传输信息，是电绝缘、耐腐蚀的传输媒质，因而不怕强电磁干扰，也不影响外界的电磁场，安全可靠。这使它在各种大型机电、石油化工、冶金高压、强电磁干扰、易燃、易爆、强腐蚀环境中也能方便而有效地传感。

（2）灵敏度高。光纤对环境的感知能力以及利用光波干涉等技术，使光纤传感器的灵敏度优于一般的电传感器。

（3）体积小，重量轻，外形可变。传感光纤可以架空铺设，利于电力线路的在线监测。它也可以埋藏于地下，具有很好的隐蔽性，可用于国境、军事基地、发电厂、大型变压器、大型输变电站、核设施及监狱等场合的入侵检测。此外，光纤可制成外形各异、尺寸不同的各种光纤传感器，有利于航空、航天以及狭窄空间的应用。

（4）测量物理量广泛。目前已有光纤传感器可以测量温度、压力、位移、速度、加速度、液面、流量、振动、水声、电流、电场、磁场、电压、杂质含量、液体浓度、核辐射等各种物理量、化学量。

（5）对被测介质影响小。这对于医药生物领域的应用极为有利。

（6）便于组网、成本低。分布式光纤传感系统采用普通的单模光纤，可以利用现有的通信光网络、光纤复合缆等光纤线路组成遥测网和光纤传感网。与传统的传感技术相比，分布式光纤传感技术具有监测范围大、隐蔽性好和成本低等特点。

目前基于分布式光纤传感技术的监测系统已经应用到很多领域，包括长距离光缆监测、天然气和石油管道监控等安全监测；也有民用设施如桥梁、大型建筑等土木工程的健康监测；还有机场、核电站、工厂以及军事基地等敏感设施的安全监测等。因此，分布式光纤传感系统具有广泛的应用价值，研发基于长距离分布式光纤传感的安全监测系统具有重要的经济价值和社会意义。

分布式光纤传感技术有多种类型，根据散射光信号的性质可以分为三种：基于拉曼散射的分布式光纤传感技术、基于布里渊散射的分布式光纤传感技术、基于瑞利散射的分布式光纤传感技术。基于拉曼散射的分布式传感主要传感温度，该技术的研究已经成熟，并实现了商用化；基于布里渊散射的温度/应变传感器研究起步较晚，但因其能达到很高的精度、空间分辨率以及动态范围，因此近年来国内外的研究较多。基于瑞利散射的分布式光纤传感技术还分为光时域反射技术（OTDR）、相关光时域反射技术（COTDR）、相位敏感光时域反射技术（φ-OTDR）。其中，OTDR 技术主要用于光纤损耗和断点的检测，该技术发展较成熟，实际工程里应用较多；COTDR 主要用于损耗测量、故障定位以及温度、应变的传感，因 COTDR 在温度/应变传感中对光源要求苛刻、系统较复杂且成本相对较高，目前还没有投入实际应用；φ-OTDR 结构简单、操作方便、不需要扫频，对应变和振动的灵敏度很高。

2.1　分布式光纤衰减测量技术

光时域反射计（Optical Time Domain Reflectometry，OTDR）最早应用于通信领域，也是目前应用最广泛的分布式光纤传感器，它主要应用于检测光纤损耗、连接断裂点等。OTDR 多采用宽达 GHz 或 THz 的宽带光源，为系统提供探测脉冲信号。采用数字平均方法对信号简单处理，可提高系统信噪比，实现光缆的在线监控，其缺点在于无法对静态折射率突变导致的微弱变化信息进行探测。

OTDR 是基于光后向散射中的瑞利散射信号的测量仪器，它在 20 世纪 80 年代初期得到了广泛的发展，其原理如图 2-1 所示。激光脉冲器向被测光纤发射某一频率的光脉冲，该脉冲通过光纤时产生的散射光的一部分向后传播至光纤的始端，经定向耦合器送至光电检测系统检测及处理信号。

OTDR 显示的曲线是从光纤中返回的瑞利散射的损耗曲线。若设 L 为散射点距入射端的距离，T 为光波传输的时间，光脉冲注入光纤的瞬间为计时始点（$L=0$ 处 $T=0$），则在 T 时刻，在光纤始端接收到的后向散射光对应于光纤上

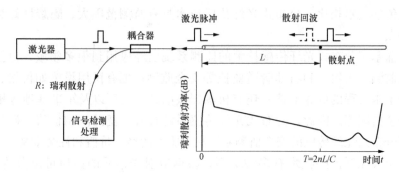

图 2-1 OTDR 原理图

的空间位置的关系为

$$T = \frac{2L}{v} = \frac{2L}{C/n} = 2nL/C \qquad (2-1)$$

式中：v 为光在光纤中的传播速度；C 为光在真空中的速度；n 为光纤的折射率。

由式（2-1）可推出

$$L = (C/n) \cdot T/2 \qquad (2-2)$$

由式（2-2）可确定 OTDR 测得的瑞利损耗与距离（光纤长度）的关系曲线，由此可确定光纤上各点的损耗分布情况。

理论上当输入光脉冲宽度无限小的情况下，所得到的空间分辨率也是无限小。但由于光器件和传输距离等原因，光脉冲有一定的宽度，不可能无限小。

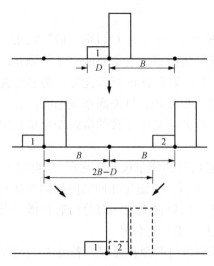

如图 2-2 所示，假设输入光脉冲近似为矩形，这样，当脉冲光经过两孤立的散射体都发生散射。当泵浦脉冲经过第一个散射体时，会产生散射脉冲 1，当泵浦脉冲经过第二个散射体时，产生散射脉冲 2，此时存在两个散射脉冲，两个散射脉冲的间隔为

$$\Delta L = 2B - D \qquad (2-3)$$

式中：B 为两个散射体之间的距离；D 为光脉冲的空间宽度。

如果将两个散射脉冲之间的间隔极限定为 $\Delta L = 0$，则得到恰好能分辨两个散射体之间的最小空间距离为

$$B_{min} = D/2 \qquad (2-4)$$

图 2-2 空间分辨率和脉冲宽度的
对应关系

光脉冲空间宽度 D 为

$$D = v \times T = (C/n) \times T \qquad (2-5)$$

式中：C 为光在真空中的速度；n 为光纤纤芯的最大折射率；T 为光脉冲的时间宽度。

系统的空间分辨率为

$$B_{\min} = (C/2n) \times T \qquad (2-6)$$

式（2-4）、式（2-5）中各值为：$C = 3 \times 10^8 \, \text{m/s}$，$n \approx 1.5$，当 $T = 600\text{ns}$ 时，可确定此时的空间分辨率 $B_{\min} = 60\text{m}$。

2.2　分布式光纤温度传感技术

当光波通过光纤时，光纤中的光学光子和光学声子产生非弹性碰撞，产生拉曼散射过程。在光谱图上，拉曼散射频谱具有两条谱线，分别分布在入射光谱线的两侧，其中，波长大于入射光的为斯托克斯光（Stokes），波长小于入射光的为反斯托克斯光（anti-Stokes）。在自发拉曼散射中，斯托克斯光与反斯托克斯光的强度比和温度存在一定的关系，并可由下式表示，即

$$R(T) = (\lambda_{AS}/\lambda_S)^4 \exp(hcv_R/kT) \qquad (2-7)$$

式中：λ_{AS}、λ_S 分别为 Stokes 和 anti-Stokes 光的波长；h 为普朗克常数；c 为真空中的光速；v_R 为拉曼散射频移；k 为波尔兹曼常数；T 为绝对温度。

从式（2-7）可以看出，利用对拉曼散射测量并结合光时域反射技术就可以构成分布式温度测量系统。图 2-3 是该类传感器的基本结构框图。另外，采用斯托克斯光与反斯托克斯光的强度比可消除光纤的固有损耗和不均匀性带来的影响。

基于拉曼散射的分布式温度传感技术是分布式光纤传感技术研究中较为成熟的一项技术。对该技术开展研究工作的主要有英国皇家学院、南安普顿大学等，中国的重庆大学和中国计量学院。目前，该类传感器的一些产品已出现在国际、国内市场，其

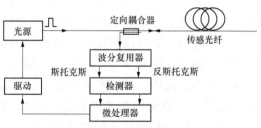

图 2-3　基于自发拉曼散射的分布式光纤温度传感器原理框图

空间分辨率和温度分辨率已分别达到 1m、1℃，测量范围 4~8km。

此外，Farries 和 Rogers 还提出了基于受激拉曼散射的分布式光纤传感技术，处于传感光纤两端的 Nd：YAG 激光器和 He-Ne 激光器分别发出一波长为 617nm 脉冲光和一波长为 633nm 连续光。由于两束光的频率差处于拉曼放大的

增益谱内,连续光将受到脉冲光的拉曼增益放大作用。由于拉曼增益对脉冲光和探测光的偏振态极其敏感,而两束光的偏振态能被光纤上的横向应力所调制,因此利用连续光的强度和光在光纤中的传播时间就可获得横向应力在光纤上的分布。

2.3 分布式光纤应变传感技术

布里渊光时域反射传感原理如下:

光纤传感的原理是基于后向布里渊散射效应。激光脉冲与光纤分子相互作用发生散射,散射有多种,其中布里渊散射是由于光在光纤中传播时,入射光波和光纤中的热激励声波相互作用产生的一种非弹性散射。1950 年,Krishnan 对布里渊散射做了最初的研究,且证实布里渊散射频移和强度与温度和应变存在线性关系。通过测量沿光纤长度方向的布里渊散射光的强度和频移就可以得到光纤的温度和应变信息。

由于声波的存在,光纤的密度发生变化,从而对光纤的介电常数和折射率进行周期性的调制。光纤中超声波的传播,使布里渊散射光产生一个多普勒频移——布里渊频移,其计算公式为

$$v_B = \frac{2nv_a}{\lambda_p} \qquad (2-8)$$

式中:v_a 为光纤中的声波速度;n 为光纤纤芯折射率;λ_p 为泵浦光波长。声波的指数衰减特性使得布里渊散射谱呈洛伦兹分布。

由温度和应变引起的布里渊频移和强度的变化可用矩阵表示为

$$\begin{bmatrix} \Delta v_B \\ \Delta P_B \end{bmatrix} = \begin{bmatrix} C_{vT} & C_{ve} \\ C_{PT} & C_{Pe} \end{bmatrix} \begin{bmatrix} \Delta T \\ \Delta \varepsilon \end{bmatrix} \qquad (2-9)$$

式中:C_{vT} 和 C_{ve} 为布里渊频移的温度和应变系数;C_{PT} 和 C_{Pe} 为布里渊散射强度的温度和应变系数。通过求解矩阵方程即可得出温度和应变的变化。如果系数矩阵为非奇异矩阵,即 $C_{ve}C_{PT} \neq C_{vT}C_{Pe}$,则解存在。

光纤复合海缆中一般都有丰富的剩余纤芯,可用作复合海缆运行状态监测的传感光纤。光单元中的光纤多为 G.652 普通单模通信光纤,尽管光纤固有 0.2%~0.3% 的余长而处于松弛状态,由于光纤之间及光纤与不锈钢管之间摩擦力的存在,特别是当海缆受到拖拉时,其铠装结构的形变必将会引起光纤的形变。因此,利用备纤监测海缆应变/温度分布的方法是可行的。

基于 BOTDR 的海底电缆状态监测系统包括光源、光脉冲形成单元、光电检测单元和数据处理单元,如图 2-4 所示。光源发出的连续光被定向耦合器分成两部分,一部分由电光调制器(EOM)调制为脉冲光后入射到传感光纤,另一部分作为本振光与散射光一起入射到光电检测器进行外差检测,取出差频分

量，即布里渊频移信号，对布里渊频谱进行分析处理，可获得布里渊频移和强度的测量值，再经转换为光纤各点的温度或应变信息而输出。软件部分中进行各种设置的控制，对实时数据进行分析，通过设定各种温度或应变报警类型可输出温度或应变异常点，并保存各时刻数据以实现显示和查询功能。

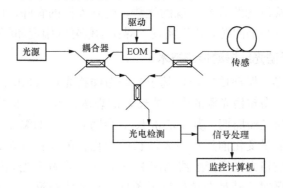

图 2-4　基于 BOTDR 的 110kV 海底电缆状态监测子系统构成框图

2.4　分布式光纤振动传感技术

光纤振动传感器可分为强度调制型、波长调制型、相位调制型、偏振态调制型和模式调制型等，其中对强度调制型、波长调制型和相位调制型的研究最多，它们的应用也最广泛。下面分别就强度型、波长调制型及相位调制型加以介绍。

2.4.1　强度型光纤振动传感技术

强度型光纤传感器的调制原理是光在光纤中传输时，由于外界某些参量的变化导致光纤损耗量变化，从而引起输出光强的变化，通过对该种变化的光强进行解调即可获得外界扰动信号。强度调制型的振动传感器种类很多，包括光纤悬臂梁结构和微弯式振动光纤传感器等，其中微弯式振动光纤传感器是强度解调的一个典型示例，下面以光纤微弯式光纤传感器为例加以介绍。微弯式振动传感器是根据光纤微弯损耗变化引起光功率变化的原理而制成的光纤传感器，其原理如图 2-5 所示。

强度型光纤传感器—光纤微弯振动传感器实现方法为：当两个活塞式构件受声压调制，光纤被上下带凹凸条纹的硬板所包围，当硬板受到外界振动信号的压迫时内部的光纤将出现弯曲现象，振动信号幅度越大，硬板受应力越大，光纤因挤压引

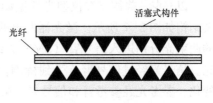

图 2-5　光纤微弯传感器

起的弯曲越大，因此光纤中传输的光功率损耗越大，导致光纤输出光功率越小。通过这个过程，即可实现振动信号对输出光功率的调制，再经光电检测器转换为电信号即可得到声场的声压信号。这种振动传感器实现方便、成本低，可实现准分布式振动信号的监测，但是此检测方法灵敏度低。强度型光纤传感器依靠其结构简单、检测光路容易实现的优势，受到人们的青睐，但同时这种传感器存在测量精度不高的问题，难以实现外界振动信号的幅度和频率的精确测量。

2.4.2 波长型光纤振动传感技术

波长调制型光纤振动传感器是基于光纤布喇格光栅（Fiber Bragg Grating，FBG）的传感器。布拉格光栅的中心波长 λ_B 的表达式为 $\lambda_B = 2n\Lambda$，n 为光纤纤芯有效折射率，Λ 为光栅周期。其中心波长 λ_B 会随着外界的温度、应力等条件而发生改变，通过测量变化前后反射光波长的变化就可以获得外界环境参量的变化情况。光纤布拉格光栅型传感器如图 2-6 所示。当宽带光源输出光波经过一个光纤布拉格光栅时，满足布拉格反射条件的光波将被反射回来，通过耦合器后进行探测，其余波长的光波则透射过去，通过对反射信号光的波长调制实现待测信号的测量。

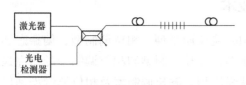

光纤布拉格光栅传感系统结构简单、实现方便、灵敏度相对较高，但此振动检测系统只能实现准分布振动信号的监测，不适用于大范围、长距离振动监测。

图 2-6 光纤布拉格光栅传感器结构图

2.4.3 相位型光纤振动传感技术

相位调制型振动传感器也是一种常用的振动传感器。将转换媒介所致应变施加到传感光纤上，引起光纤中的光场相位产生变化，相位变化可以通过一定的解调方式还原成为振动信号。一般转换媒介主要由压电陶瓷充当，常用的相位解调方法包括马赫-曾德干涉仪法、迈克尔逊干涉仪法和法布里-泊罗干涉仪法等，还有直接检测法和相干检测法等。φ-OTDR 振动传感属于相位型光纤振动传感器，它在接收端利用耦合器或干涉仪等实现散射光干涉。相位调制型振动传感器的检测精度高，特别适合要求高性能振动传感的领域。

以马赫-曾德干涉仪型光纤振动传感器为例来介绍相位型光纤振动传感器，其结构如图 2-7 所示。激光器发出的激光经第一个 3dB 耦合器 C1 分为光强相等的两束光分别进入信号臂（SM）光纤和参考臂（RM）光纤作为信号光和参考光。信号光经过信号臂，受到待测信号的作用，使信号臂中的传输光相位发生变化。参考光经参考臂和信号光在第二个 3dB 耦合器 C2 中发生干涉，并分成两束光传送到两个光电探测器 PD1 和 PD2 中。

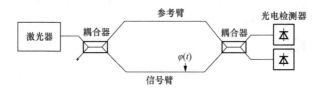

图 2 - 7　马赫 - 曾德干涉仪结构示意图

根据双光束干涉原理，两个光电检测器接收到的光强分别为

$$I_1 = \frac{I_0}{2}[1 + \alpha\cos\varphi(t)] \tag{2-10}$$

$$I_2 = \frac{I_0}{2}[1 - \alpha\cos\varphi(t)] \tag{2-11}$$

其中：I_0、I_1、I_2 分别为入射光光强；1 端口输出光强和 2 端口输出光强；α 为耦合系数；$\varphi(t)$ 为外界信号引起的相位改变。由式（2-10）、式（2-11）可以看出，马赫 - 曾德干涉仪将外界信号引起的相位变化 $\varphi(t)$ 转化为光强的变化，经过适当的信号处理就可以将待测信号解调出来。

本 章 小 结

本章介绍了分布式光纤传感技术的特点，特别介绍了 OTDR、ROTDR（DTS）、BOTDR、φ - OTDR（DAS）技术的工作原理，给出了分布式测量定位的理论计算依据，为海底电缆状态监测奠定了理论和技术基础。

第 3 章

基于分布式光纤传感的海底
电缆状态监测关键技术

3.1 分布式光纤应变和温度传感系统参数优化配置方法

3.1.1 测量精度及实时性与系统参数的关系

目前，能够实现分布式光纤应变和温度同时测量的系统主要包括 BOTDR 和 BOTDA（布里渊光时域分析仪，Brillouin Optical Time Domain Analyzer）两种，它们通过测量光纤中的布里渊散射谱实现应变和温度的测量。光脉冲宽度（简称脉宽）、平均次数、扫频步进、扫频范围、测量距离和采样分辨率等系统参数都会影响系统的测量精度和实时性。如图 3-1 所示，传感系统的脉宽决定了系统测量的信噪比和空间分辨率，脉宽越大信噪比越高，应变和温度的测量精度也越高，但空间分辨率会减低，因此，空间分辨率和测量精度是一对矛盾，此矛盾可通过增加平均次数的方法解决，即利用大平均次数克服脉宽减少导致的信噪比降低，但这种方法不允许脉宽无限制减小，而且平均次数的增加会导致系统实时性的大幅下降。

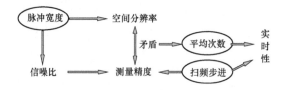

图 3-1 测量精度和实时性与主要系统参数的关系

另外，扫频步进也是决定系统测量精度和实时性的重要因素，步进越小测量的布里渊谱越细致，布里渊频移和谱峰功率测量越准确，应变和温度的测量精度也越高，但需要更多的测量时间，影响了测量的实时性。同时，扫频范围越宽测量精度越高，但实时性下降；测量距离越长实时性也越差；采样分辨率越高实时性越差。以上这些参数对系统测量精度和实时性的影响如表 3-1 所示。

明确了系统配置参数对测量精度和实时性的影响，在实际工程测量中即可根据实际测量要求进行综合配置，以权衡测量精度和实时性。但是，工程实践经验表明，各系统参数可选值较多，在进行综合配置时，配置方案多样；而且，虽然知道每项参数对测量精度和实时性的大体影响趋势，却不知道该趋势的确切规律，最终导致现场系统参数配置盲目、不准确，增加了系统使用的复杂性和难度。

表 3-1 各参数对传感系统测量精度和实时性的影响情况

参数	影响精度	影响实时性
脉宽	是	否
平均次数	是	是
扫频步进	是	是
扫频范围	否	是
测量距离	是	是
采样分辨率	否	是

本书以 BOTDR 为例，在实验室内对一定长度的传感光纤进行实测，通过改变各项系统参数，进行传感光纤应变和温度的测量，并记录测量时间，利用最小二乘法对测量数据进行拟合，确定系统测量精度和实时性与各系统参数的关系。

3.1.2 实验方案设计

建立如图 3-2 所示的传感光路。BOTDR 通过 SC/APC 转 FC/PC 的 5m 跳线与室温下光纤轴上的光纤相连，将光纤轴末端分别取出 50m 松弛光纤 L1 放入恒温水浴中保持恒温 T，再取 20m 光纤 L2 放在应变施加装置上施加恒定应变 ε，打开 BOTDR 预热 30min 后，分别设置不同的系统参数，对光纤轴上的光纤进行重复测量。

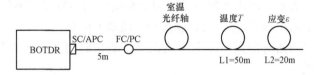

图 3-2 用于系统参数配置的实验光路

3.1.3 测量结果与数据分析

1. 脉冲宽度与测量精度的关系

选择 5km 的 G.652 单模光纤作为传感光纤，固定平均次数 2^{13}、扫频步进 5MHz、扫频范围 300MHz、测量距离 5km、采样分辨率 0.2m，分别设置脉冲宽度为 10、20、50、100ns 和 200ns，每种脉宽下分别进行 5 次重复测量，计算每种脉宽下 L1 和 L2 上布里渊频移的标准偏差平均值，画出测量精度和脉宽的关系曲线如图 3-3 所示。由图可见，脉冲宽度越大，测量精度越高，但二者不成线性关系，在已有配置参数下，脉宽超过 50ns 后，精度增加对测量精度的影响不大。

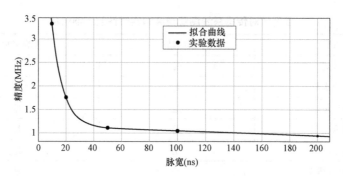

图 3-3　测量精度与脉宽的关系

利用最小二乘法对测量精度和脉宽进行拟合，得关系方程

$$\alpha = 79.05\, p^{-1.523} + 0.938 \tag{3-1}$$

式中：α 为测量精度；MHz；p 为脉宽；ns，$p > 0$。

式（3-1）的拟合确定系数为 0.999，标准差为 0.029，该式可作为脉宽选择的指导公式。需要说明的是，当其他系统参数变化后，此式的系数会发生变化，但趋势不变，应根据实际情况进行修正。

2. 平均次数与测量精度和实时性的关系

设置脉宽 50ns，平均次数分别为 2^{10}、2^{11}、2^{12}、2^{13}、2^{14}、2^{15}、2^{16}，其他参数及测量方法与 1 相同。分别画出测量精度和测量时间与平均次数的关系曲线，如图 3-4 所示。由图可见，测量精度与平均次数呈非线性关系，而测量时间与平均次数呈线性关系，平均次数越多，测量精度越高，所需的测量时间也越长，实时性越差。平均次数超过 2^{14} 后，测量精度增加不明显。

利用最小二乘法对测量精度和平均次数、测量时间和平均次数分别进行拟合，得关系方程

$$\begin{cases} \alpha = 101.7\, A_{vg}^{-0.5} \\ t = 0.0003 A_{vg} + 0.342 \end{cases} \tag{3-2}$$

式中：α 为测量精度，MHz；t 为测量时间，分钟；A_{vg} 为平均次数，$A_{vg} > 0$。

式（3-2）中，测量精度与平均次数的拟合确定系数为 0.999，标准差为 0.003；测量时间与平均次数的拟合确定系数为 0.999，标准差为 0.028。该式可作为平均次数选择的指导公式。需要说明的是，当其他系统参数变化后，此式

的系数会发生变化，但趋势不变，应根据实际情况进行修正。

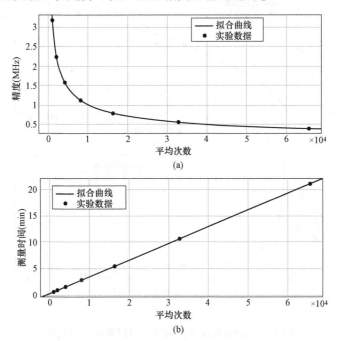

图 3-4　测量精度和测量时间与平均次数的关系

（a）测量精度与平均次数的关系；（b）测量时间与平均次数的关系

3. 扫频步进与测量精度和实时性的关系

设置脉宽 50ns、平均次数 2^{13}、扫频范围 300MHz、测量距离 5km、采样分辨率 0.2m，扫频步进分别为 1、2、5、10、20、50MHz，测量方法与 1 相同。分别画出测量精度和测量时间与扫频步进的关系曲线，如图 3-5 所示。由图可见，测量精度和时间与扫频步进均呈非线性关系，扫频步进越大，测量精度越低，所需的测量时间越短。扫频步进超过 10MHz 后，测量时间减小不明显，但精度降低明显。

利用最小二乘法对测量精度和扫频步进、测量时间和扫频步进分别进行拟合，得关系方程

$$\begin{cases} \alpha = 0.501\, f_{\text{step}}^{0.5} \\ t = 14.2\, f_{\text{step}}^{-1.006} + 0.106 \end{cases} \tag{3-3}$$

式中：α 为测量精度，MHz；f_{step} 为扫频步进，MHz；$f_{\text{step}} > 0$，t 为测量时间，分钟。

式（3-3）中，测量精度与扫频步进的拟合确定系数为 0.999，标准差为 0.002；测量时间与扫频步进的拟合确定系数为 0.999，标准差为 0.02。该式可

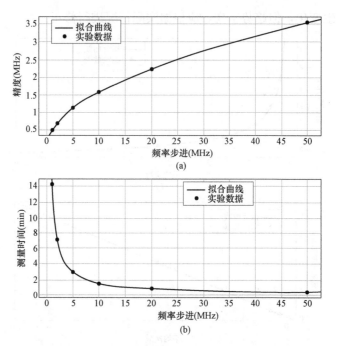

图 3-5 测量精度和测量时间与扫频步进的关系

(a) 测量精度与扫频步进的关系；(b) 测量时间与扫频步进的关系

作为扫频步进选择的指导公式。需要说明的是，当其他系统参数变化后，此式的系数会发生变化，但趋势不变，应根据实际情况进行修正。

4. 扫频范围与实时性的关系

为了实现正确的测量，扫频范围必须大于等于布里渊谱宽和传感光纤应变/温度导致的布里渊频移之和，否则不能保证布里渊谱的准确测量。然而，在工程现场，传感光纤可能承受的应变和温度往往能够准确确定，设置尽量大的扫频范围能确保测量的准确性，但会导致实时性的下降。为了确定扫频范围与实时性的关系，设置脉宽 50ns、平均次数 2^{13}、扫频步进 5MHz、测量距离 5km、采样分辨率 0.2m、扫频范围分别为 100、300、500、700、900、1100、1300MHz，测量方法与 1 相同。画出测量时间与扫频范围的关系曲线，如图 3-6 所示。由图可见，测量时间与扫频范围呈线性关系，扫频范围越大，测量时间越长。

利用最小二乘法对测量时间和扫频范围进行拟合，可得其关系方程为

$$t = 0.01 f_{scope} + 0.05 \tag{3-4}$$

式中：t 为测量时间，分钟；f_{scope} 为扫频范围，MHz；$f_{scope} > 0$。

式（3-4）中，测量时间与扫频范围的拟合确定系数为 0.999，标准差为近

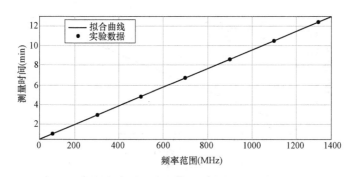

图 3-6　测量时间与扫频范围的关系

似为 0。该式可作为扫频范围选择的指导公式。需要说明的是，当其他系统参数变化后，此式的系数会发生变化，但趋势不变，应根据实际情况进行修正。

5. 测量距离与测量精度和实时性的关系

设置脉宽 50ns、平均次数 2^{13}、扫频步进 5MHz、扫频范围 300MHz、采样分辨率 0.2m，选择 1、2、5、10、20、40km 和 80km 的光纤分别进行测量，得到测量时间与测量长度的关系如图 3-7（a）所示。在测量 40km 光纤时，从光纤始端开始，每隔 2km 选一个点，确定其测量精度，绘制测量精度与测量距离的关系如图 3-7（b）所示。由图可见，测量时间与测量距离呈线性关系，测量距离越大，测量时间越长；测量精度与测量距离呈非线性关系，且距离越远，精度越低，超过 20km 后，精度降幅会增大。

利用最小二乘法对测量数据进行拟合，可得其关系方程为

$$\begin{cases} t = 0.417L + 0.851 \\ \alpha = 0.884e^{2.22 \times 10^{-16} \times d} + 1.149e^{0.092d} \end{cases} \tag{3-5}$$

式中：t 为测量时间，分钟；L 为测量长度，km；$L>0$，α 为测量精度，MHz；d 为测量距离，km，$d>0$。

式（3-5）中，测量时间与测量长度的拟合确定系数为 0.999，标准差为 0.027；测量精度与测量距离的拟合确定系数为 0.999，标准差近似为 0。该式可作为测量距离与测量精度和实时性评估的指导公式。需要说明的是，当其他系统参数变化后，此式的系数会发生变化，但趋势不变，应根据实际情况进行修正。

6. 采样分辨率与实时性的关系

采样分辨率指 BOTDR 测量布里渊散射信号时，在光纤沿线上相邻两个数据点之间的距离，该值越小，越便于观察散射信号在空间上的细节，但会导致数据量的增加，带来数据存储量及处理时间的增加。为了确定采样分辨率与实时性的关系，设置脉宽 50ns、平均次数 213、扫频步进 5MHz、扫频范围

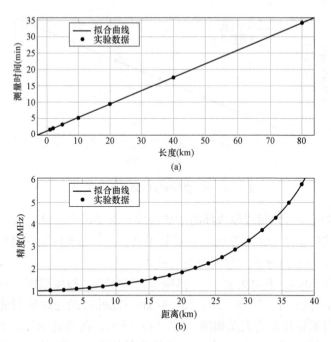

图 3-7　测量精度和测量时间与测量距离的关系

(a) 测量时间与测量长度的关系；(b) 测量精度与测量距离的关系

300MHz、测量距离 5km，采样分辨率分别为 0.05、0.1、0.2、0.5、1m，测量方法与 1 相同。绘制测量时间与采样分辨率的关系曲线，如图 3-8 所示。由图可见，测量时间与采样分辨率呈非线性关系，采样分辨率越大，测量时间越短。

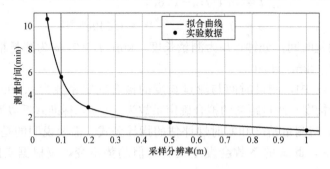

图 3-8　测量时间与采样分辨率的关系

利用最小二乘法对测量时间和采样分辨率进行拟合，可得其关系方程为

$$t = 0.678 R^{-0.919} \tag{3-6}$$

式中：t 为测量时间，分钟；R 为采样分辨率，m。

式 (3-6) 中，测量时间与采样分辨率的拟合确定系数为 0.998，标准差为近似为 0.172。该式可作为采样分辨率选择的指导公式。需要说明的是,当其他系统参数变化后,此式的系数会发生变化,但趋势不变,应根据实际情况进行修正。

7. 小结

总结 BOTDR 系统参数与测量精度和实时性的关系,列于表 3-2,表中规律为参数设置提供了理论支持。幂函数和指数的分布规律决定了曲线的临界点,临界点前后变化速度有很大差异,设置参数时应重点考虑;工程现场可根据监测需求,参考以上规律,合理设置参数。

表 3-2   **测量精度和测量时间与 BOTDR 系统参数的关系**

BOTDR 系统参数	精度 α(测量误差)	测量时间 t
脉宽	幂函数关系,单调减	×
平均次数	幂函数关系,单调减	线性关系,单调增
扫频步进	幂函数关系,单调增	幂函数关系,单调减
扫频范围	×	线性关系,单调增
测量距离	指数关系,单调增	线性关系,单调增
采样分辨率	×	幂函数关系,单调减

3.1.4 应用实例

为了验证方法的有效性,并说明其具体操作过程,以国内某海峡 110kV 光纤复合海底电缆状态监测系统为例,介绍在工程现场的具体使用情况。

1. 监测系统介绍

横跨海峡的 YJQ41 型 110kV 光纤复合海底电缆为单芯导体结构,如图 3-9 所示,内含 2 根光单元,每个光单元中包含 8 根 G.652 通信用普通单模光纤。

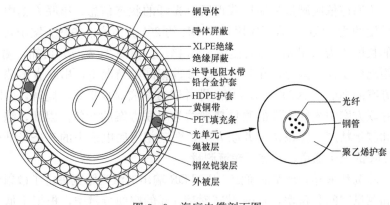

图 3-9 海底电缆剖面图

三相海底电缆间距 60m 敷设于海床下 2m 的淤泥里，每相海底电缆长度约 3.3km，如图 3-10 所示。在海峡两岸设有登陆站，将 BOTDR 设备安装于登陆站 1 所在海岛的值班室内。从登陆站 1 架设约 1km 的光纤复合架空地线 OPGW（Optical Fiber Composite Overhead Ground Wire）经普通光缆接入值班室内的 BOTDR 上。利用 BOTDR 实时测量海底电缆中复合光纤的布里渊散射功率谱，进行海底电缆应变和温度的分布式测量。

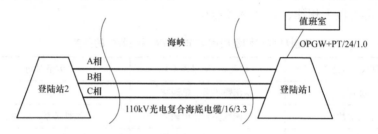

图 3-10　基于 BOTDR 的海底电缆应变/温度监测系统组织图

2. BOTDR 系统参数的配置

BOTDR 实时监测海底电缆内光纤的应变和温度，一旦发生锚砸、钩挂等机械故障，或发生接地、短路、漏电等电气故障时，光纤的应变或温度就会发生变化，利用此变化就可进行故障报警。为保证报警的准确性和及时性，要求测量的空间分辨率不低于 10m、测量精度不低于 $\pm 2℃/100\mu\varepsilon$、三相海底电缆总测量时间不超过 2min。为此，需要合理配置 BOTDR 系统参数。按照 3.1 节中提出的方法，可进行下面的分析。

（1）测量距离的确定。三相海底电缆中，每相中取一根光纤作为传感光纤，他们可以串联到一起，然后接入 BOTDR 的一个通道，BOTDR 进行一次测量即可获取三相海底电缆内所有光纤的状态信息；也可以分别接入 BOTDR 的三个通道，三个通道依次测量一遍后获得所有光纤的状态信息。串联方案中传感光路的总长度约为 11km，需要使用 BOTDR 的 20km 挡位；并联方案中每通道传感光路的长度约为 4.5km，需要使用 5km 挡位。由图 3-7（a）可知，测量时间与测量距离成正比，因此，在其他系统参数相同的情况下，串联方案测量时间是并联方案的 20/（5×3）＝4/3 倍，即并联方案实时性更好。同时，由图 3-7 可知，并联方案中光纤末端的测量精度约为串联方案的 2 倍。因此，综合考虑实时性和测量精度，应该选用并联方案，即三相海底电缆中的三条光纤分别接入 BOTDR 的三个通道，并进行轮流测量。

（2）脉宽和采样分辨率的确定。BOTDR 输出的激光脉宽决定了散射信号的信噪比和测量空间分辨率，10ns 脉宽对应 1m 的空间分辨率，根据不低于 10m 空间分辨率的测量要求，脉宽应不大于 100ns。根据图 2-3，脉宽大于 50ns 后，系统测量精度上升不明显，因此可选择脉宽为 50ns，对应 5m 空间分辨率。

由图 3 - 8 可知，采样分辨率大于 0.2m 后，测量时间增加不明显，但对于 5m 的空间分辨率来说，1m 的采样分辨率已经足够，且与 0.2m 采样分辨率相比可节约 5 倍存储空间，因此选 1m 采样分辨率。

（3）平均次数的确定。由图 3 - 4（b）可知，平均次数越多，测量时间越长，但测量精度并非线性增加，平均次数大于 2^{14} 后，测量精度上升不明显。由于，系统测量精度要求不低于 $\pm2℃/100\mu\varepsilon$，其对应约 2MHz 的布里渊频移，所以，选择 2^{13} 也能满足要求。而且，由图 3 - 4（b）可知，2^{13} 比 2^{14} 可减少近一半的测量时间，因此可以取平均次数 2^{13} 较合适。

（4）扫频范围和扫频步进的确定。扫频范围是保证准确测量的前提，它必须覆盖所有可能的布里渊频移范围。又因为测量时间与其成正比，因此范围不能设置过大，以免影响实时性。根据当地气象部门提供的数据，一年内平均温度变化范围是 9～35℃，即可认为海水温度范围也是 9～35℃；海底电缆铜导体额定工作温度 90℃。保守估计，可认为光纤承受的温度范围是 0～100℃，对应约 100MHz 频率范围。海底电缆中纤芯的筛选应变是 0.5%，即 $5000\mu\varepsilon$，一般 $1000\mu\varepsilon$ 以上的应变就能用 OTDR 测出来了，所以可将应变报警阈值设为 $1000\mu\varepsilon$，可留出富裕到 $2000\mu\varepsilon$，对应 100MHz 频率范围。10ns 以上的布里渊谱宽一般为 45～100MHz，保守估计，留出 100MHz 频率范围。因此，扫描频率范围可定为以上三项最大值的和，即 300MHz。

由图 3 - 5 可知，扫频步进大于 10MHz 以后，测量时间增加不明显；而且，10MHz 时的测量精度能满足系统测量要求，因此确定扫频步进为 10MHz。

综上所述，确定系统参数为测量距离 5km、脉宽 50ns、采样分辨率 1m、平均次数 213、扫频范围 300MHz、扫频步进 10MHz，实测后发现三通道总测量时间为 1.5min，测量精度 ±1.25MHz（1.2℃，$24\mu\varepsilon$），满足系统测量要求。

3.2　传感光路关键点定位方法

工程现场情况复杂，受施工和环境的影响，传感光路存在定位困难的难题，主要存在两个问题需要解决。其一，传感光纤通常离值班室较远，需要通过光缆、跳线、接线盒等连接至值班室的监测主机，于是，从监测主机至传感光纤会存在多种批次、型号或厂家的光纤，以及法兰盘、熔接点等接头，这就给传感光纤的区间定位带来困难；其二，传感光纤处于复杂的工程现场中，其状态除了受被监测对象的影响外，环境因素的影响不容忽视，由于施工、环境等多种因素影响，被监测对象的实际路由往往和施工图纸存在较大偏差，单纯依据传感光纤上的距离和施工路由图纸进行定位会导致较大的误差，因此，利用环境特点，结合监测曲线进行特征点定位十分必要。本书提出利用 BOTDR 测量传感光路的布里渊频移进行连接点和特征点定位的方法，解决以上问题。

3.2.1　光纤布里渊频移特性实验

为了比较不同厂家、型号、批次光纤的布里渊频移，选择国内外 3 个厂家，不同型号和批次的 G.652 单模光纤，利用 BOTDR 测量其在 25℃、$0\mu\varepsilon$ 应变下的布里渊频移，测量结果列于表 3-3。由表可知，厂家、型号和批次的不同都可能导致光纤布里渊频移的差别，差值从 2～22MHz 不等，这是因为布里渊散射是由于光纤内部介质的不均匀性导致的。以目前的生产工艺而言，厂家、型号和批次都有可能导致光纤内部不均匀性的差异，且该差异是随机的，因此出现表 3-3 中的结果。这一特点可用于区分工程现场法兰盘或熔接点两侧不同的光纤，为连接点的定位提供依据。

表 3-3　　　　　　　不同厂家、型号、批次光纤的布里渊频移

厂家	厂家1			厂家2			厂家3	
	G.652A	G.652B	G.652C	批次1	批次2	批次3	G.652A	G.652B
布里渊频移(GHz)	10.851	10.853	10.862	10.860	10.873	10.871	10.865	10.867

另外，根据文献中的报道，单模光纤布里渊频移与其所受的应变或温度成正比，利用此特点，可以对工程现场受环境影响的传感光路关键点进行定位。

3.2.2　现场传感光路模拟实验

为了模拟工程现场的复杂情况，在传感光路中设置法兰盘、熔接点、温度异常区域、应变异常区域，并在传感光路中引入不同批次、型号和厂家的光纤，建立如图 3-11 所示的传感光路。如图 3-11 所示，BOTDR 光脉冲输出端口依次连接 5m SC/APC 转 FC/PC 跳线、3m FC/PC 转 FC/APC 跳线、5m FC/APC 接头尾纤，再与光纤 1 熔接，再经过 2 条尾纤与光纤 2 熔接。光纤 1 全长约 2700m，光纤 2 全长约 2500m。在光纤 1 的末端取 50 米松弛盘绕放入 35℃的恒温水浴中，再取 20m 松弛盘绕放入室温环境下，其余都盘绕在光纤轴上。在光纤 2 的始端取 50m 松弛盘绕放入 35℃的恒温水浴中，在末端取 14m 放在滑轮上，通过重物给光纤施加应变；再取 50m 松弛盘绕放入 35℃的恒温水浴中；再取 50m 缠绕在金属管上，并将金属管放入 35℃的恒温水浴中。如图 3-11 所示，多个法兰盘和熔接点用于模拟现场的多种连接方式；光纤 1 和光纤 2 用于模拟现场不同的光缆；L2、L4、L7 用于模拟现场温度较高的区间；L1、L3、L5 用于模拟绝大部分正常状态下的光缆；L6 用于模拟现场应变较大的区间；L8 模拟温度和应变都较高的区间。

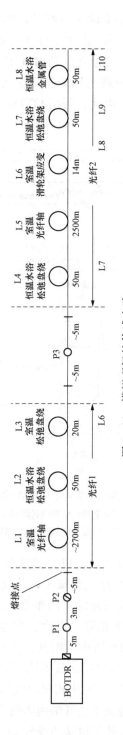

图 3 - 11　模拟现场的传感光路

利用 OTDR 和 BOTDR 分别对光路进行测量，测得的瑞利散射功率曲线和布里渊频移曲线如图 3-12（a）所示。图中，OTDR 曲线整体呈线性衰减趋势，在光路中 P1 和 P3 两个 FC/PC 法兰盘处分别出现了一个凸起的尖峰，在 FC/APC 接头、熔接点等连接点处未发现明显的曲线变化特征，对光路中出现的应变、温度特征区间更是没有体现，因此，利用 OTDR 曲线无法进行连接点和特征点的识别和定位。

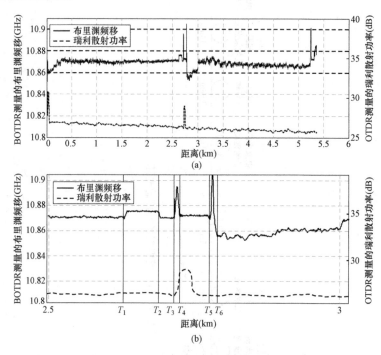

图 3-12　传感光路的布里渊频移和瑞利散射功率
（a）整个光路的布里渊频移和瑞利散射功率；
（b）2.5～3km 区间内的布里渊频移和瑞利散射功率

对 2.5～3km 区间放大后见图 3-12（b）。T3 位置，瑞利散射曲线开始突变，对应光路中 P3 位置的 FC/PC 法兰盘接头；此处，布里渊频移也有一个尖峰，这是由于 P3 两侧共 10m 跳线与光纤 1 的布里渊频移初值不同导致的。T1 左侧和 T2～T3 的布里渊频移基本相等，因为它们都处于室温下且不受应变；T1～T2 区间因为处于较高温度的水浴中，因此，其布里渊频移大于其他区间。T4～T5 是 L4，即光纤 2 的一部分，与 L2 属不同厂家，因此，即使它们所处环境相同，布里渊频移仍有差别。T5～T6 中布里渊频移的尖峰是由于其两侧的温度和应变差突变导致的，应变差是由于光纤轴内圈的压缩导致的。

综上所述，BOTDR 测量的布里渊频移曲线较 OTDR 测量的瑞利散射功率曲线含有更多的光路信息，包括接头、应变、温度等，可利用本书所述方法进行光路特征点的判断和定位。

3.2.3　应用实例

1. 光路连接点的定位

从值班室开始，传感光路依次经过跳线、普缆、OPGW、普缆、跳线、普缆、海底电缆等多种类型光缆，它们之间的连接形式包括法兰盘和熔接，只有正确判断这些连接点的位置，才能准确确定海底电缆中传感光纤的位置和长度，实现故障准确定位。

传统方法利用 OTDR 测量瑞利散射功率，根据衰减判断连接点。近年来，光纤制造工艺水平上升，抗弯曲能力增强，且光纤熔接损耗大幅下降，OTDR 仅能判断法兰盘。传感光路中，OPGW 和海底电缆内的光纤两端都熔接有普缆，普缆的长度不定，没有施工记录，有必要判断普缆和海底电缆的熔接点位置。而 OTDR 不能解决这一问题。

本书利用 BOTDR 和 OTDR 测量了现场传感光路的布里渊频移和瑞利散射功率分布，如图 3-13 所示。OPGW 末端普缆与海底电缆末端普缆通过跳线相连，跳线两端有 2 个法兰盘，由于跳线很短，所以 OTDR 未能分辨相邻的两个法兰盘，出现了图中 T_1 位置的反射峰。布里渊频移在此位置出现了中间低、两边高的曲线，说明跳线的布里渊频移较低，两边的普缆布里渊频移较高。由此可见，光纤中的布里渊频移反映更多的细节。在 T_2 位置，OTDR 曲线没有明显变化，但布里渊频移曲线上出现了大幅上升，实地考察后发现，此处是普缆与海底电缆内光纤的熔接点，由于熔接损耗小，OTDR 难以辨认，而 BOTDR 可解决此难题。用此方法可迅速找出传感光路中所有法兰盘和熔接点的位置，精确定位传感光纤。

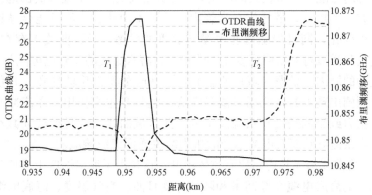

图 3-13　OPGW 与海底电缆连接点处的 OTDR 和 BOTDR 曲线

2. 海底电缆特征点的定位

海底电缆敷设于海床，受施工误差、洋流、潮汐影响，其实际长度、路由与施工材料中记载的内容不可避免地存在偏差，且随时间推移，该偏差会逐渐增加。传感光纤位于海底电缆中光单元内部，光单元的绞合结构和光纤余长分布的不均匀性都会导致故障定位时产生偏差，如果能利用现场情况定位海底电缆路由中的特征点，再以特征点为基准校正以上偏差，则可以提高定位准确性。BOTDR测量的光纤布里渊频移分布曲线可以体现海底电缆内光纤的应变和温度分布，此分布与海底电缆本体的分布情况一致，且分布受地形、地质、海水温度等因素的影响，利用光纤布里渊频移曲线即可定位这些特征点。

使用BOTDR对海底电缆进行长期监测，测量的布里渊频移与海底地形曲线如图3-14所示。海底电缆竣工图中记载，从值班室开始至海底电缆末端的整个区间内，0.95km处为海底电缆起始点，0.9～1.05km和4.37～4.45km是陆地基岩，1.05～2.1km和3.4～4.37km是泥质砂海床，2.1～3.4km是淤泥质海床；在1.12km和4.1km处海底电缆有拐点，海床上有岩石，岩石上有钻孔，安装玻璃钢套管后的海底电缆安放其中；2.9km处的海床上有海流冲刷形成的淤泥质坡；泥质砂海床属沙波纹发育状况，洋流冲刷会导致移动；海域存在正规半日潮，海底电缆埋设于海床下2m处。陆地基岩区间在海拔0m以上，属于陆地和潮间带，地形坡度大，质地坚硬，海底电缆一般用套管保护后敷设，海底电缆松弛处于套管内，在自身重力的作用下可能会产生较大的拉伸应变。随着入水深度的增加，海水对海底电缆温度的影响会降低，在图3-14中体现为突起的尖峰。泥质砂区域，地质较软，具有一定的承载能力，此区域整体相对平坦，监测曲线起伏不大，反映的基本是温度信息，此区间的布里渊频移信息可换算成海底电缆温度。1.2～1.3km区间存在陡坡，在自身重力和洋流的作用下，海底电缆可能产生了较大的应变，4月份曲线上产生了较大的凸起。海底电缆两端各有一个拐点，虽然放在套管内，但洋流和沙坡移位可能会导致海底电缆应变发生变化，同时伴随海底电缆与套管的摩擦，导致曲线上存在小波动。另外，气候和洋流对海水温度变化影响较大，海水温度的差异也可能是4月和5月曲线波动的原因。淤泥区域地质松软，2.9km处淤泥质坡导致4月份监测曲线在坡顶两侧出现上升，原因可能是海底电缆自身重力作用、洋流冲刷对海底电缆产生扭力或暖流经过导致温度上升。此区域曲线在5月份波动减小，可能是因为海洋余流导致海底电缆承受的扭力减少或洋流影响减弱。在1.3～3.9km区间，5月份曲线与4月份相比有整体抬升，这是由于海水温度上升所致。海拔－10m以上的海底电缆在潮间带和陆地，受日照、空气温度、海底电缆自身散热等因素影响，5月份比4月份温度存在较大上升幅度，导致布里渊频移曲线的上升。

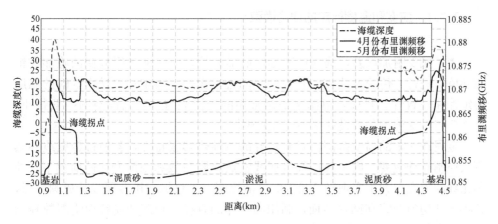

图 3-14　布里渊频移与海底地形曲线

综上，利用 BOTDR 测量的布里渊频移曲线，结合海底电缆施工路由图，即可定位路由中的特征点，为故障精确定位提供保障。

3.3　传感光纤布里渊频移的应变和温度系数标定新方法

为了实现应变和温度的准确测量，使用前必须对分布式传感光纤进行标定，确定其应变和温度的响应系数。光纤批次、型号、厂家都能影响光纤的应变和温度响应系数，因此标定工作经常进行。传统的温度标定将松弛光纤放入高精度的恒温设备内，控制温度在一定范围内变化，记录各温度点和分布式传感光纤测量数据，进行数据处理和拟合，获得温度响应系数。应变标定主要有三种方法：第一，将传感光纤绕在定滑轮上，光纤一端固定，另一端用重物牵引，根据重力、光纤的截面积和弹性模量计算光纤受到的应变，实现应变的标定；第二，将传感光纤固定在等强度梁上，利用等强度梁应变和应变片的计算公式进行应变标定；第三，固定传感光纤两端于高精度位移控制台上，利用高精度位移控制实现应变控制，完成应变标定。方法一实现简单，操作灵活，但定滑轮的轴承润滑性能和安装角度会影响光纤应变的准确性和均匀性；方法二中等强度梁的厚度、挠度、百分表位置、距固定端长度、光纤和应变片粘贴方法等都会引入标定误差；方法三中高精度位移控制平台可实现位移的精确控制，但没有考虑光纤自重和气流波动导致的附加应变。三种方法都在空气环境下进行，无法精确控制环境温度的均匀性和稳定性，即温度波动会再次引入应变标定误差。另外，应变和温度的分别标定也降低了标定的效率。为解决以上问题，有必要研究一种新的应变和温度标定方法。

3.3.1 应变和温度标定的理论模型

1. 方案设计

为了减少附加误差，提高应变标定的准确性，应保证光纤应变的施加在恒温环境下进行。传统方法需要较大的空间进行操作，很难实现操作空间的温度稳定性和一致性。目前，恒温水浴是常用的控温装置，其内部空间一般很小，有必要将应变施加装置设计得小巧且易操作。

金属在一定的温度范围内具有良好的线性热膨胀特性，若通过金属线性热膨胀控制光纤应变，则可在已知金属线性热膨胀系数和温度变化的前提下，控制光纤的应变。为了实现光纤长度的灵活控制，可将标定用金属设计成圆柱形，并将光纤均匀缠绕在圆柱表面，利用圆柱体的直径、长度和光纤缠绕圈数控制被标定光纤的长度，利用恒温水浴精确控温，最终实现光纤应变的精确控制。由于金属圆柱上缠绕的光纤同时承受温度和应变，为了避开温度的影响，可在同一恒温水浴内留出一段松弛光纤，其不承受应变，只承受温度，用于补偿金属圆柱上光纤的温度。示意图如图 3-15 所示。

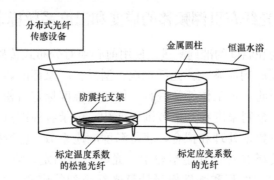

图 3-15 应变和温度同时标定装置

2. 光纤应变的计算

固体温度改变会引起长度变化，此变化可用线膨胀系数 α 来描述。固体长度 L 因温度上升 $\delta\theta$ 而增加 δL，则

$$\alpha = \frac{\delta L}{L} \cdot \frac{1}{\delta\theta} = \frac{\varepsilon}{\delta\theta} \tag{3-7}$$

式中：ε 为固体的应变。

由式（3-7）可知，α 是单位温度变化引起的固体应变，单位是 K^{-1}。α 值随温度变化略有变化，不是常数。低温时，线膨胀系数不随温度变化；高温时，线膨胀系数随温度升高而增加。如果温度增量趋向于 0，则 α 趋向于特定温度上的线膨胀系数。0～100℃ 范围内一般为常数。

各向同性的圆柱体，直径的变化满足线膨胀系数。周长变化率为

$$\frac{\Delta p}{p} = \frac{2\pi r - 2\pi r_0}{2\pi r_0} = \frac{2\pi \Delta r}{2\pi r_0} = \frac{2\pi \alpha \cdot \delta\vartheta \cdot r_0}{2\pi r_0} = \alpha \cdot \delta\vartheta \tag{3-8}$$

式中：$\Delta p/p$ 为周长变化率，也就是光纤的应变；r_0 和 r 分别为圆柱体热膨胀前后的直径，Δr 为半径变化量。所以，若已知圆柱体线性热膨胀系数，就可以通过控制温度改变光纤的应变。

3. 金属棒的选择

将光纤缠绕于金属棒上，金属棒半径大于光纤最小弯曲半径，以避免弯曲导致的光纤损耗，保证金属棒表面光滑，这样热膨胀时光纤的受力才均匀。

由于热膨胀的本质是分子活动度的增加，温度增加导致金属分子的动能增加，分子间距离增大，均匀一致的材料各处热膨胀比例也一致，即不会出现内应力，所以选用内外径加工精度和一致性好的金属管代替实心金属棒，以避免金属棒重量大、热传导时间长的缺点。

3.3.2　标定装置和方法

1. 标定系统

以 G.652 普通单模裸纤为例介绍标定系统。

金属管采用不锈钢材料，牌号 1Cr18Ni9，金属管外径 80mm，壁厚 4mm。20℃至 100℃，线膨胀系数是 15.5μm/m×K。为了缠绕方便，并避免光纤在金属管轴向热膨胀时产生滑移，在金属管外壁上均匀刻出 250μm 宽、125μm 深、350μm 节距的螺纹，如图 3-16 所示。凹槽宽度应大于传感光纤直径，并避免轴向滑移；节距尽量小，以降低金属管轴向热膨胀引起光纤应变的增加。

用专用胶水将光纤末端固定在金属管外壁上，固定位置应在螺纹凹槽的延长线上，以保证光纤轴向受力。用恒定拉力沿螺纹凹槽缠绕光纤至需要的长度，最后将另一端也固定在金属管壁上。在凹槽内涂抹凡士林油可减少摩擦，用一定质量的砝码可产生恒定拉力，如图 3-17 所示。砝码质量决定了施加于光纤上的预应变。

绕好光纤后，接着取一定长度的光纤，松弛盘绕，将其放置在防震支架上，让其只承受温度，不承受应变。将金属管和防震支架都放入恒温水浴内，二者保持合适距离，互不影响。最后将光纤接入分布式光纤传感设备上。

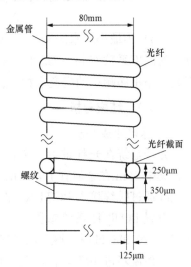

图 3-16　金属管与待标
定光纤示意图

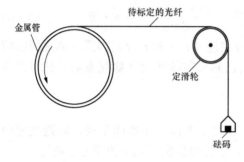

图 3-17 光纤缠绕示意图

光纤布里渊传感设备是 BOTDR，传感光纤是 G.652 普通单模裸纤，标定温度范围 30～80℃，标定应变范围 0～1000$\mu\varepsilon$。此范围内单模光纤具有较好的应变和温度线性度，恒温水浴控温精度 ±0.01℃，温控范围 5～95℃。标定步骤如下：

（1）控制恒温水浴使其分别稳定工作于 5 个温度点 $T=[35,45,55,65,75]$℃。分别记录 5 个温度点处，松弛光纤上的布里渊频移 $v_{BT}=[v_{BT}(1),v_{BT}(2),\cdots,v_{BT}(5)]$，金属管上光纤的布里渊频移 $v_{BS}=[v_{BS}(1),v_{BS}(2),\cdots,v_{BS}(5)]$，则 35℃、零应变下的光纤布里渊频移初始值为 $v_{BT}(1)$。

（2）定义每个温度点处金属管热膨胀使光纤应变增加导致的布里渊频移变化量

$$\Delta v_{BS}(n)=v_{BS}(n)-v_{BS}(1)-[v_{BT}(n)-v_{BT}(1)] \qquad (3-9)$$

其中，$1\leqslant n\leqslant 5$。

定义每个温度点处的温度变化量

$$\Delta T(n)=T(n)-T(1) \qquad (3-10)$$

定义每个温度点处金属管上光纤的应变变化量

$$\Delta\varepsilon(n)=\alpha\times\Delta T(n) \qquad (3-11)$$

（3）用最小二乘法对 $v_{BT}(n)$ 和 $T(n)$ 进行线性拟合，获得光纤布里渊频移的温度系数 C_{vT}；用最小二乘法对 $\Delta v_{BS}(n)$ 和 $\Delta\varepsilon(n)$ 进行线性拟合，获得光纤布里渊频移的应变系数 C_{vE}。

3.3.3 结果分析

1. 标定曲线分析

光纤盘绕在光纤轴上，全长 5.686km，末端 100m 用于标定应变和温度系数，其中 50m 在金属管上，50m 在防震支架上，光纤轴放置在室温空气中，整盘光纤通过跳线接入 BOTDR。图 3-18 是标定光路示意图。

设置 BOTDR 系统参数为 50ns 脉宽、0.2m 采样分辨率、214 平均次数、10.81～10.98GHz 扫频范围、1MHz 扫频步进、1.4720 折射率。水浴温度 35～75℃，控温步进 10℃，温度变化往返一次。则应变标定范围是 15.5μm/m·K×(75－35)K=620$\mu\varepsilon$，BOTDR 测量的布里渊频移曲线如图 3-19 所示。由图可见，T1 左侧是光纤轴上光纤的布里渊频移，由于空气温度不恒定，各次测量曲

线存在整体波动，最大波动幅度 7MHz，若以此作为应变标定环境，将引入很大
误差。T1～T2 是放置在恒温水浴外面的松弛光纤，由于离水浴较近，幅度有小
幅上升。T2～T3 是放置在水浴内防震支架上的光纤，曲线平直，说明恒温水浴
的控温精度、稳定性和均匀性好；曲线间距基本相等，说明布里渊频移和温度
存在线性关系。T3 右侧是金属管上缠绕的光纤，曲线存在较大波动，说明缠绕
光纤时各圈用力不均；尽管如此，不同温度处曲线的形状基本保持不变，说明
金属管热膨胀导致光纤应变的增加是均匀线性的。T2 右侧光纤都在恒温水浴内
承受相同的温度，但 T3 右侧曲线整体偏高，说明光纤缠绕在金属管上时被施加
了预应变。

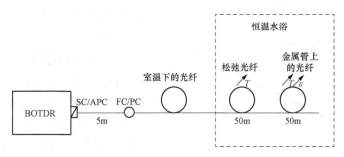

图 3 - 18　应变和温度标定系统

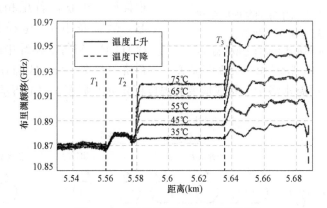

图 3 - 19　不同温度下的布里渊频移

2. 拟合结果

　　求取图 3 - 19 中每个温度下 T2～T3 区间的平均值，对 5.64～5.68km 曲线
也求平均，分别求布里渊频移对温度的拟合结果，以及布里渊频移变化对应变
变化的拟合结果，得到图 3 - 20 所示的拟合曲线。图 3 - 20（a）的拟合确定系数
为 1，拟合标准差为 6.523×10^{-5} GHz；图 3 - 20（b）的拟合确定系数为
0.9983，拟合标准差为 0.4625MHz；布里渊频移的温度系数为 1.06MHz/℃，

应变系数为 0.048MHz/$\mu\varepsilon$，与国外文献中报道的系数一致。标定实验证明了标定方法及装置的可行性和准确性。

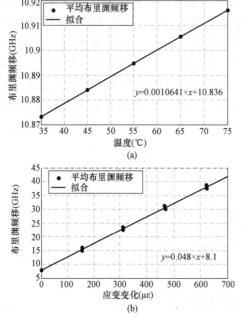

图 3-20　布里渊频移的应变和
温度响应系数拟合

（a）布里渊频移对温度的拟合曲线；

（b）布里渊频移变化对温度变化的拟合曲线

综上所述，利用金属管的线性热膨胀特性可实现光纤应变系数的准确标定，选择不同金属和温度范围可以控制施加应变的精度和范围。本书提出的标定方法和装置可以实现传感光纤应变和温度的同时标定，标定长度可通过选择金属管直径和长度灵活设置；金属管上可以同时缠绕多种光纤，实现批量标定。

3.3.4　应用实例

海底电缆内对称分布着两根完全相同的光单元，每根光单元中有 8 根 G.652 普通单模光纤，它们是同一厂家生产的同一型号、不同批次光纤。从每根光纤上截取 20m 样纤，得到 8 根样纤，将它们首尾相连熔接在一起，然后经 100m 尾纤和跳线接入 BOTDR。将每根样纤中的 10m 松弛盘绕，另外 10m 盘绕在金属管上，然后同时放入恒温水浴中，构成应变和温度标定光路如图 3-21 所示。

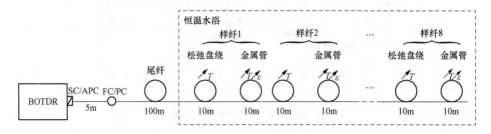

图 3-21　应变和温度标定系统

BOTDR 的参数设置为脉宽 20ns、采样分辨率 0.2m、平均次数 214、扫频范围 10.81～10.98GHz、扫频步进 1MHz、折射率 1.4720。恒温水浴控温从 35～75℃ 以 10℃ 步进往返一次，每个温度点处 BOTDR 进行一次测量。然后，分别将每根样纤中松弛盘绕区间的光纤布里渊频移平均值对温度进行拟合，金属管上的布里渊频移减去温度影响后对应变进行拟合，得到 8 根光纤布里渊频移的应变和温度系数如表 3-4 所示。其中，$C_{v\varepsilon}$ 和 C_{vT} 分别是 8 根光纤布里渊频移的应变和温度系数，$v_B(T_0, \varepsilon_0)$ 是 $(T_0, \varepsilon_0) = (0℃, 0\mu\varepsilon)$ 下的布里渊频移初值。

表 3-4　　　　　　8 根光纤布里渊频移的应变/温度系数和初始频移

光纤色谱	$C_{v\varepsilon}$(MHz/$\mu\varepsilon$)	C_{vT}(MHz/℃)	$v_B(T_0, \varepsilon_0)$ (GHz)
蓝	0.051	1.058	10.850
桔	0.052	1.048	10.847
绿	0.052	1.056	10.854
棕	0.047	1.060	10.856
灰	0.048	1.049	10.840
本	0.052	1.053	10.855
红	0.053	1.056	10.834
白	0.049	1.048	10.843
均值	0.051	1.054	10.847
max - min	0.006	0.012	0.022

由表 3-4 可见，8 根光纤布里渊频移的应变系数最大、最小值差（max - min）是 0.006MHz/$\mu\varepsilon$，由此导致的应变测量误差约为 0.1$\mu\varepsilon$，远远小于 BOTDR 的应变测量精度，所以，8 根光纤可以采用相同的布里渊频移应变系数 0.05MHz/$\mu\varepsilon$。同理，8 个布里渊频移的温度系数导致的温度测量误差约为 0.012℃，远远小于 BOTDR 的温度测量精度，可采用相同的布里渊频移温度系数 1.05MHz/℃。但是，8 根光纤在 $(0℃, 0\mu\varepsilon)$ 时，初始频移的最大最小值差为 22MHz，对应 440$\mu\varepsilon$ 或 22℃ 的测量误差，所以，它们不能使用相同的布里渊初始频移。

3.4　分布式光纤温度和应变的同时区分测量

分布式光纤传感技术具有分布式、长距离、不受电磁干扰等优点，近年来在国内外发展迅速。BOTDR 以其传感距离远、单端测量、可同时测量温度和应变等特点广泛应用于电力、石油、航空航天、土木工程等各领域考虑成本与工程应用便利性，目前的传感光纤一般都采用 G.652 普通单模光纤，利用布里渊频移测量光纤的温度和应变。由于布里渊频移同时对应变和温度敏感，所以如何区分应变和温度成为一直以来国内外研究的热点。

目前，区分温度和应变的方法主要有以下几种：其一，利用并行排列的松套和紧套两根光纤，根据布里渊频移计算温度和应变；其二，利用布里渊频移和功率对温度和应变都敏感的特性，根据二元一次方程组解算温度和应变；其三，利用布里渊频移和拉曼散射信号解算温度和应变其四，利用大有效面积光纤、保偏光纤、光子晶体光纤等特种光纤中布里渊散射信号的多峰现象解算温度和应变。方法一需要在工程应用前设计传感光缆结构，不适合已经敷设传感光纤的场合；方法二中布里渊散射功率的低信噪比会导致温度和应变测量精度的大幅下降，而且已敷设传感光纤的功率初值难以确定，这些都制约了该方法的工程应用；方法三可有效区分温度和应变，但使用单模光纤测量温度的拉曼设备价格昂贵，两台设备更导致成本上升，而且两台设备测量的数据存在融合与配准问题；方法四采用的特种光纤成本高，应用于工程还不成熟。综合比较以上四种方法，对于已敷设的内含单模光纤的传感光缆，只有方法二和三是可行的。本书将针对这两种方法，根据监测精度和成本的需要分别提出具体改进和实现的方法。

3.4.1 基于 BOTDR 和 ROTDR 的传感光纤应变和温度区分测量方法

1. 布里渊频移对应变和温度的交叉敏感

光脉冲传输于单模光纤时会产生布里渊散射，该散射由存在于介质中的声学声子引起，属于非弹性光散射，散射光的布里渊频移 v_B 与光纤介质的声学及弹性力学特性有关，并与入射光频率 v_0 和散射角 θ 有关，可描述为

$$v_B = 2v_0 \frac{nV_A}{c}\sin(\theta/2) \tag{3-12}$$

式中：n 为介质折射率；V_A 为光纤中的声速；c 为真空中的光速。v_0、c 和 θ 均为常数，n 和 V_A 仅对应变和温度敏感。因此，利用光纤中的布里渊频移可以实现应变和温度的测量。

利用泰勒级数和二项式展开公式对式（3-12）进行变换和化简，可得到布里渊频移与应变和温度的线性方程

$$v_B(T,\varepsilon) = v_B(T_0,\varepsilon_0) + C_{vT}\Delta T + C_{ve}\Delta\varepsilon \tag{3-13}$$

式中：$v_B(T,\varepsilon)$ 为处于温度 T 和应变 ε 下的光纤中的布里渊频移；$v_B(T_0,\varepsilon_0)$ 为处于初始温度 T_0 和初始应变 ε_0 下的光纤中的布里渊初始频移；C_{vT} 为布里渊频移的温度系数；C_{ve} 为布里渊频移的应变系数；ΔT 和 $\Delta\varepsilon$ 分别为相对于初始温度和初始应变的变化量；$v_B(T_0,\varepsilon_0)$、C_{vT} 和 C_{ve} 可以通过标定方法获得。因此，可利用布里渊测量设备实时测量光纤各处的布里渊频移 $v_B(T,\varepsilon)$ 反映光纤的应变和温度，进而判断光纤沿线的状态。但是，由于应变和温度的变化都会导致布里渊频移的变化，所以无法通过布里渊频移的变化区分应变和温度的具体变化值，即布里渊频移对应变和温度较差敏感。要解决此问题，必须引入另外一个参量，该参量对应变和温度的响应系数与布里渊频移存在较大差值。

2. 单模光纤中拉曼散射信号的温度响应特性

激光在光纤中传输时，与光纤内部自发产生的声学声子发生非线性相互作用，放出一个声子成为 Stokes 拉曼散射光子，吸收一个声子成为 Anti - Stokes 拉曼散射光子，而光纤分子能级上的粒子数热分布服从波尔兹曼定律。Anti - Stokes 拉曼散射光与 Stokes 拉曼散射光的强度比可表示为

$$I(T) = \frac{\Phi_a}{\Phi_s} = \left(\frac{v_a}{v_s}\right)^4 e^{-\frac{h\Delta v}{kT}} \tag{3-14}$$

式中：Φ_a 和 Φ_s 分别为 Anti - Stokes 拉曼散射光与 Stokes；拉曼散射光的强度；v_a 和 v_s 分别为 Anti - Stokes 拉曼散射光与 Stokes 拉曼散射光的频率；$h = 6.626 \times 10^{-34}$ J·s 为普朗克常数；$\Delta v = 1.32 \times 10^{13}$，$k = 1.380 \times 10^{-23}$ J·K^{-1} 为波尔兹曼常数；T 为开尔文绝对温度，测出两者的强度比即可得到光纤的温度。

3. 基于 BOTDR 和 ROTDR 的传感光纤应变和温度区分测量

（1）应变和温度的解算方程。利用 BOTDR 和 ROTDR 测量传感光纤的应变和温度时，BOTDR 测量得到的是传感光纤中受应变和温度同时影响的布里渊频移，ROTDR 可直接获得传感光纤的温度。因此，可以从布里渊频移中减去温度变化导致的布里渊频移，得到只受应变影响的布里渊频移，再利用布里渊频移的应变系数求出光纤承受的应变即可。据此，本书得出应变和温度的解算方程为

$$\begin{cases} T = T(i) \\ \varepsilon = \dfrac{v_B(i) - C_{vT}[T(i) - T_0]}{C_{v\varepsilon}} \end{cases} \tag{3-15}$$

式中：$i = 1, 2, 3, \cdots, d/S + 1$ 为测量数据的个数；d 为测量距离；S 为采样分辨率。

（2）测量参数设置与监测数据配准。从实时性角度考虑，BOTDR 采用扫频法测量布里渊谱得出布里渊频移，ROTDR 无需扫频，一次测量即可得出温度分布，因此 BOTDR 的测量时间约为 ROTDR 的 N 倍，N 是扫频次数。因此，如果对温度响应没有特殊要求，可以将 ROTDR 相邻两次测量的时间间隔设大，只要保证一次 BOTDR 测量对应一次 ROTDR 测量即可。

从测量精度考虑，二者基本具有相同的属性，即空间分辨率由脉宽决定，应变和温度测量精度由影响信噪比的脉宽和平均次数决定。为提高测量精度，且保持适当的实时性，应协调脉宽和平均次数的关系。为获得应变和温度的一致测量精度，应尽量使 BOTDR 和 ROTDR 保持相同的参数设置，否则按式（3-4）解算应变和温度时，一方精度的下降或拉低另一方的精度。

从监测数据配准角度考虑，由于 BOTDR 和 ROTDR 是两台独立的设备，它们具有不同的系统时钟，这会导致采样间隔差异，从而引起两台设备相邻两

个数据点的距离间隔不同；由于现场条件的限制，两台设备可能采用相同路由的两条传感光纤，它们可能具有不同的长度；光路条件的不同，两台设备可能采用不同的参数，以同时保证较高的信噪比和实时性，比如 BOTDR 采用 50ns、1m 采样分辨率，而 ROTDR 采用 100ns、2m 采样分辨率，这就需要进行数据的插值或舍弃，以保证两台设备的数据个数相同。

4. 现场测量实例

为了说明利用 BOTDR 和 ROTDR 进行应变和温度区分的方法，下面以海底电缆现场监测数据为例，讲解具体的计算过程。

采用图 3-18 所示的监测系统，在值班室放置 BOTDR 和 ROTDR，为了实现应变和温度的同时区分测量，且保证测量的实时性，BOTDR 和 ROTDR 分别测量同一光单元中两根不同的光纤。现场实测发现传感光路衰减严重，为了保证 ± 1℃ 和 $\pm 20\mu\varepsilon$ 的测量精度，设置 BOTDR 的系统参数为测量距离 5km、脉宽 50ns、采样分辨率 1m、平均次数 213、扫频范围 300MHz、扫频步进 10MHz，设置 ROTDR 的系统参数为测量距离 5km、脉宽 100ns、采样分辨率 2m、平均次数 214。测量结果如图 3-22 所示。图中 0.95~4.5km 是海底电缆，此区间内 BOTDR 测量的布里渊频移与 ROTDR 测量的温度具有基本一致的分布规律，这是因为海底电缆在正常工作时，其中的复合光纤只受温度的影响，不承受应变。但由于布里渊频移同时对应变和温度敏感，所以单纯通过布里渊频移不能判断曲线波动的原因。

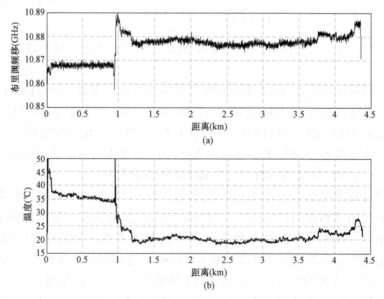

图 3-22　BOTDR 和 ROTDR 测量的结果

（a）BOTDR 测量的布里渊频移；（b）ROTDR 测量的温度

从测量的数据看，ROTDR 测量的最长距离是 4.379km，BOTDR 测量的最长距离是 4.391km，二者相差 12m。二者路由相同，光纤长度不可能相差 12m，所以这应该是由于两个设备的时钟和光纤折射率差异引起的。本书将两条传感光纤的首尾对齐，将多余 12m 对应的 12 个数据均匀的舍弃，即每隔 350m 舍弃一个点，以保证两条传感光纤长度一致；同时以 ROTDR 的距离数据为准，对 BOTDR 数据进行 2 倍欠采样，即每隔一点保留一个数据，以保证两设备测量数据个数的一致；最后根据式（3-4）解算出光纤的应变和温度，如图 3-23 所示。由图可见，应变测量精度约±25με，温度测量精度约±1.2℃，满足工程要求。

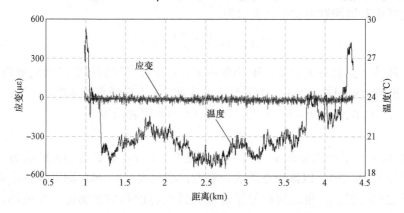

图 3-23　解算出的海底电缆内传感光纤的应变和温度

3.4.2　基于布里渊频移和功率的传感光纤应变和温度区分测量方法

1. 频移功率双参量计算方法及存在的问题

实验证明，光纤布里渊频移、谱峰功率与光纤温度和应变存在线性关系，对文献中公式进行推导，可得

$$\begin{bmatrix} T(z) \\ \varepsilon(z) \end{bmatrix} = \frac{1}{C} \begin{bmatrix} C_{P\varepsilon} & -C_{v\varepsilon} \\ -C_{PT} & C_{vT} \end{bmatrix} \begin{bmatrix} \nu_B(z) - \nu_{B0} \\ \dfrac{P_B(z) - P_{B0}(z)}{P_{B0}(z)} \end{bmatrix} + \begin{bmatrix} T_0 \\ \varepsilon_0 \end{bmatrix} \qquad (3-16)$$

式中：$T(z)$ 和 $\varepsilon(z)$ 为光纤 z 处的温度和应变；$C = |\,C_{vT}C_{P\varepsilon} - C_{v\varepsilon}C_{PT}\,| \neq 0$，$C_{vT}$ 和 $C_{v\varepsilon}$ 分别为布里渊频移的温度和应变系数；C_{PT} 和 $C_{P\varepsilon}$ 分别为布里渊相对谱峰功率的温度和应变系数；$\nu_B(z)$ 为光纤 z 处的布里渊频移；ν_{B0} 为光纤在 T_0 和 ε_0 下的初始频移；$P_B(z)$ 为光纤 z 处的布里渊谱峰功率；$P_{B0}(z)$ 为 T_0 和 ε_0 下光纤 z 处的谱峰功率初始值，T_0 和 ε_0 分别为光纤的温度和应变初始值。利用式（3-16）可实现光纤应变和温度的测量。

式（3-5）中的 C_{vT}、$C_{v\varepsilon}$、C_{PT}、$C_{P\varepsilon}$、ν_{B0}、T_0、ε_0 可通过实验室内的标定实验获得，$\nu_B(z)$ 和 $P_B(z)$ 为现场实测值，$P_{B0}(z)$ 和距离 z 有关，对于已敷设好

的传感光纤，由于其周围环境的不确定性，很难直接获取。有报道利用 T_0 和 ε_0 下光纤朗道比是常数的特点，通过 OTDR 实测现场光纤的瑞利散射功率，利用朗道比计算出 $P_{B0}(z)$。该方法简单可行，能快速获取现场传感光路的 $P_{B0}(z)$，但由于 OTDR 测量的瑞利散射功率不可避免地存在噪声和整体波动，使 $P_{B0}(z)$ 信噪比下降，导致测量结果精度的降低。本节将提出一种新方法，用来确定布里渊谱峰功率分布初始值，提高温度和应变测量精度，实现应变和温度的区分测量。

2. 布里渊谱峰功率分布初始值确定方法

光纤中布里渊散射功率可表示为

$$P_B(z) = \frac{P_0 W S \alpha_B v}{2} e^{-2\alpha z} \qquad (3-17)$$

式中：P_0 为入射脉冲光功率；W 为脉冲宽度；S 为布里渊散射的背向捕捉系数；α_B 为布里渊散射损耗系数；v 为光纤中的光速，α 为光纤衰减系数。

令 $a = P_0 W S \alpha_B v / 2$，$b = -2\alpha$，则式（3-6）可表示为

$$P_B(z) = a \cdot e^{bz} \qquad (3-18)$$

在 T_0 和 ε_0 下必然存在 $a=a_0$ 和 $b=b_0$ 使式（3-7）满足现场光纤的布里渊谱峰功率分布 $P_{B0}(z)$。以该分布曲线为基准，根据式（3-15）即可计算出现场光纤的温度和应变。a_0 和 b_0 可以根据现场光纤的温度和应变确定。在现场，传感光纤总有一段处于值班室、光纤配线架或电缆沟等已知区域，该区域内的传感光纤一般不受应变影响且温度可测。可以利用试探法，手动修改参数 a 和 b，当式（3-15）计算出的该区域光纤温度和应变值与现场实测值一致时，当前参数就是 a_0 和 b_0。

3. 提高温度和应变测量精度的方法

分布式光纤传感系统由光学器件和电子器件构成，系统噪声主要包括加性噪声和乘性噪声两种。通过叠加平均可大幅削弱加性噪声，但其对乘性噪声不起作用。设乘性噪声为 $N_M(i)$，$i=1, 2, 3, \cdots$ 是测量次数，则实测的布里渊谱峰功率分布为 $N_M(i) \cdot P_B(z)$。由于乘性噪声受系统光源波动、放大器增益系数波动、光电检测器增益系数波动等多种因素影响，即使光纤在固定的温度和应变下，布里渊谱峰功率分布测量值也会出现整体波动，从而导致温度和应变测量精度的下降。可通过以下方法消除乘性噪声的影响。

在传感光路中引入一段参考光纤，让其处于 T_0 和 ε_0 下，则多次测量中参考光纤上的布里渊谱峰功率分布应该是不变的 $P_{B0}(z)$，z 的取值为参考光纤上的位置。第一次测量参考光纤的布里渊谱峰功率分布为 $N_M(1) \cdot P_{B0}(z)$，则之后第 i 次测量值为 $N_M(i) \cdot P_{B0}(z)$，由于乘性噪声的随机性，$N_M(1) \cdot P_{B0}(z) \neq N_M(i) \cdot P_{B0}(z)$，二者的差值就是导致传感光纤测量误差的原因。因此，可以

利用归一化的方法加以消除。

首先，利用参考光纤上的谱峰功率测量值计算乘性噪声变化倍数

$$C_{NM}(i) = \frac{N_M(i) \cdot P_{B0}(z)}{N_M(1) \cdot P_{B0}(z)} = \frac{N_M(i)}{N_M(1)} \qquad (3-19)$$

随后，对传感光纤第 i 次测量值 $P_{Bi}(z)$ 进行归一化处理，得到归一化功率

$$P_{B\_norm,i}(z) = \frac{P_{Bi}(z)}{C_{NM}(i)} = \frac{N_M(i) \cdot P_B(z)}{C_{NM}(i)} = N_M(1) \cdot P_B(z) \qquad (3-20)$$

式中：z 为传感光纤上的位置。

最后，利用式（3-20）计算得到的归一化功率分布，根据式（3-16）计算温度和应变，即可有效克服乘性噪声的影响。式（3-20）使传感光纤上每次的谱峰功率测量值具有了相同的乘性噪声 $N_M(1)$，从而消除了乘性噪声波动导致的测量精度下降。

4. 实验测试

为了证明本书方法的可行性和有效性，对基于 BOTDR 的光纤温度和应变测量方法进行实验验证。BOTDR 输出脉冲功率 25dBm、脉宽 50ns、平均次数 2^{14}，光纤采用 G.652 普通单模裸纤。

（1）标定。采用±0.05℃控温精度的恒温水浴标定光纤布里渊频移和相对谱峰功率的温度系数以及频移初始值。取待标定光纤 50m，松弛盘绕放于恒温水浴中，一端经跳线接 BOTDR，控制恒温水浴在 35℃、45℃、55℃、65℃、75℃五个温度点往返一次，记录 5 个温度点处的布里渊频移和谱峰功率，利用最小二乘法对它们在每个温度点处的均值和温度进行线性拟合，结果如图 3-24 所示。图 3-24（a）的拟合确定系数为 1，拟合标准差为 6.523×10^{-5} GHz；图 3-24（b）的拟合确定系数为 0.9839，拟合标准差为 0.4141%；布里渊频移的温度系数为 1.06MHz/℃，35℃时布里渊频移初值为 10.874GHz，以 35℃时布里渊谱峰功率为基准的相对谱峰功率温度系数为 0.217%/℃。利用滑轮组对 20m 光纤施加 500、1500、2500、3500、4500$\mu\varepsilon$ 的应变，往返一次，用同样的方法处理数据，得到布里渊频移的应变系数为 0.048MHz/$\mu\varepsilon$，以 35℃时布里渊谱峰功率为基准的相对谱峰功率应变系数为 4.428×10^{-4}%/$\mu\varepsilon$。以上结果与文献中报道的系数基本一致。

（2）温度和应变的同时测量。以光纤复合海底电缆现场监测光路为例。BOTDR 经 5m 跳线接入光纤配线架，配线架后面是约 190m 普通光缆，之后是 2.8km 光纤复合架空地线（OPGW），最后连接光纤复合海底电缆中的光纤。监测系统利用 BOTDR 测量光纤复合海底电缆中光纤的温度和应变。建立图 3-25 所示的模拟光路，用 L1 处光纤模拟现场值班室内的普通光缆，通过恒温水浴控制 L1 温度为 35℃，应变为零，模拟光缆的实际状态，将 L1 作为参考光纤，用

来进行布里渊谱峰功率归一化;用 L2 处光纤模拟海底电缆登陆点电缆沟内的海底电缆末端富余光纤,该光纤温度已知,用来确定传感光纤布里渊散射功率特性方程中的系数 a_0 和 b_0,进而获得 P_{B0}(z);对 L2 和 L3 施加变化温度 35℃、45℃、55℃、65℃、75℃,同时将 L3 绕制在金属管上,利用热膨胀对 L3 施加应变,最终验证温度和应变同时测量方法的有效性。

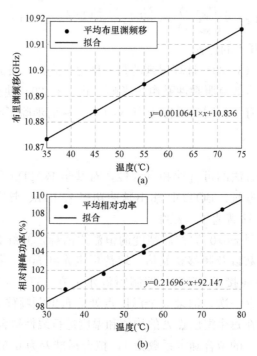

图 3 - 24 布里渊散射的温度系数拟合

(a)布里渊频移对温度的拟合曲线;(b)相对谱峰功率对温度的拟合曲线

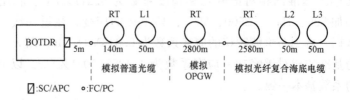

图 3 - 25 光纤复合海底电缆模拟光路

1)功率归一化。用 BOTDR 测量整条光路,观察不同温度时 L1 处光纤的布里渊频移和相对谱峰功率,如图 3 - 26 所示。

图 3 - 26(a)中,L1 的布里渊频移整体波动只有±0.25MHz,对应±0.2℃的测量精度。图 3 - 26(b)中的相对谱峰功率的整体波动有±5%,对

应±23.0℃的测量精度，采用频移和相对谱峰功率双参量计算温度和应变时，若不进行归一化处理将导致测量精度的大幅下降。图 3-26（c）为归一化后的谱峰功率分布，曲线整体波动已被消除，每条相对谱峰功率曲线的波动幅度约为±1.25%，对应±5.8℃的测量精度。

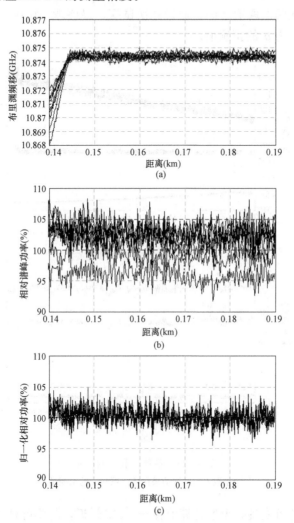

图 3-26　归一化前后的布里渊散射分布曲线

（a）L1 的布里渊频移分布曲线；（b）L1 的相对谱峰功率分布曲线；

（c）L1 的归一化相对谱峰功率分布曲线

2）确定谱峰功率初始值。根据前面标定的布里渊散射信号温度和应变系数，取 35℃和 0με 为计算初值，采用试探法确定系数 a_0 和 b_0。

首先确定系数 b。设置 $a=1$，选取两个相差较大的值作为 b 的试探值，分别代入式（3-18），观察光路中模拟海底电缆光纤的测量结果，如图 3-27 所示。图 3-27（a）中画出了 b 取 0.1、-0.1 和 -0.04 时计算出的模拟海底电缆光纤温度曲线。b 取 0.1 和 -0.1 时，曲线分别出现了下降和上升的趋势，这与模拟海底电缆光纤的温度分布斜率不符；但两个取值导致的分布趋势是相反的，所以正确值应该在两次取值之间。通过几次试探，最终取 -0.04 时，曲线趋于水平，该值即可作为 b_0 的正确值。

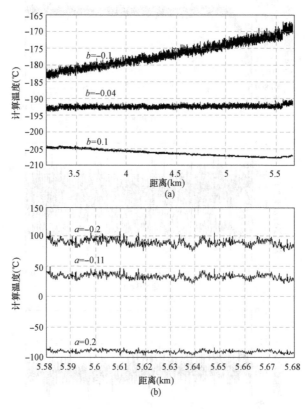

图 3-27　系数 a 和 b 的确定

（a）系数 b 的试探结果；（b）系数 a 的试探结果

　　观察曲线还可发现，温度计算值在 $-190℃$ 附近，与实际值不符，需要调整系数 a。同样采用试探法，先确定 a 的大体取值范围，再确定 a 的正确取值，结果如图 3-27（b）所示。$5.58 \sim 5.68$km 为已知温度和应变区间，该处温度为 $35℃$、应变为零，调整系数 a 为 -0.11 时，计算结果与实际值相符。

　　因此，a 取 -0.11，b 取 -0.04 时，式（3-18）代表的曲线就是模拟海底电缆光纤在 $35℃$、$0\mu\varepsilon$ 下的布里渊谱峰功率初值 P_{B0}（z）。

　　3）消除异常尖峰。布里渊散射谱服从洛伦兹分布，谱宽与入射脉冲宽度有关，当脉冲宽度一定时受光纤温度和应变影响不大。但是，若光纤上温度或应变发生突变的长度与 BOTDR 空间分辨率相当，布里渊谱宽会发生变化。这是因为布里渊散射谱测量的是脉冲长度内光子和声子相互作用的平均效果，若脉冲光跨越了温度或应变突变点，突变点前后的布里渊频移分别对应突变点前后的温度或应变，即布里渊谱会产生双峰现象，导致谱宽增加，谱峰功率下降，如图 3-28 所示。谱峰功率 1 中左边的负峰是温度突然增加导致的，右边的负峰是应变突然增加导致的；两个负峰处分别对应出现了两个谱宽的增加。

　　谱峰功率的负峰会直接影响温度和应变的计算结果，必须消除。观察曲线发现，温度或应变增加幅度越大，谱宽展宽越大，可以根据谱宽增加值修正布里渊谱峰功率。统计测量数据发现，谱宽每增加 1MHz，谱峰功率下降 0.6%。据此修正谱峰功率得到图 3-28 中的谱峰功率 2 曲线。修正后的谱峰功率已看不到明显的负峰。

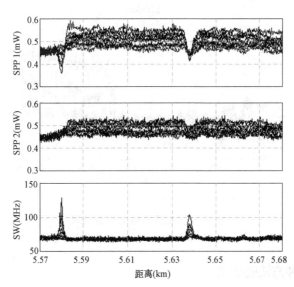

图 3-28　谱峰功率与谱宽曲线（SPP：谱峰功率，SW：谱宽）

5. 实验结果分析

　　经过前面的工作，利用式（3-5）计算海底电缆内光纤的温度和应变，结果如图 3-8 所示。图中画出了 35、55、75℃时，L2（5.58～5.635km）和 L3（5.635～5.68km）上的温度和应变分布。由图 3-29（a）可知，虽然 L3 承受着金属管热膨胀带来的应变，但它的温度与 L2 相同，因此在每个温度点处，L2 和 L3 基本保持水平；计算 L2 上的标准差得温度测量精度为±4.3℃。图 3-29（b）曲线中的 L2 光纤松弛盘绕，应变为 0，L3 承受着金属管热膨胀带来的应变。金属管的热膨胀系数为 15.5mm/mm・K，20℃温度变化导致的应变为

$310\mu\varepsilon$，与图中相邻曲线间的应变差值一致。L3 上曲线的波动是缠绕时用力不均匀所致，35℃时 L3 上的应变是缠绕时给光纤施加的预应变。计算 L3 上的标准差得应变测量精度为 $\pm110\mu\varepsilon$。温度和应变测量精度可基本满足海底电缆状态监测的要求。

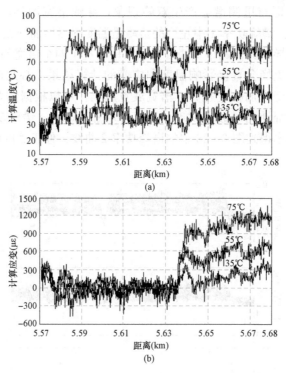

图 3-29　温度和应变计算结果
（a）计算出的温度分布；（b）计算出的应变分布

3.4.3　两种方法的比较

由前两节的内容可知，采用 BOTDR 和 ROTDR 双设备进行应变和温度的区分，由于无需精确测量布里渊谱峰功率，所以 BOTDR 无需很高的信噪比，其脉宽可以设置的较小，但 ROTDR 由于测量的是光功率所以需要较高信噪比，其脉宽相对较大；而 BOTDR 双参量法需要获得较高信噪比的布里渊谱峰功率，因此需要较大的脉宽；综合比较两种方法，如表 3-5 所示。从精度、空间分辨率、实时性和光纤类型限制考虑，BOTDR＋ROTDR 方法较好；从光通道占用数量、成本考虑，BOTDR 双参量法较好。实际工程应用中，可根据现场情况进行选择。

表 3 - 5　　BOTDR＋ROTDR 法与 BOTDR 双参量法区分应变和温度的比较

项目	BOTDR＋ROTDR 法	BOTDR 双参量法
精度	高	低
空间分辨率	高	低
实时性	较高	高
光通道数量	至少 2	至少 1
光纤类型	普通单模光纤或单模＋多模	普通单模光纤
成本	BOTDR＋ROTDR 双台成本	BOTDR 单台成本

本 章 小 结

　　本章给出了分布式光纤传感技术应用于海底电缆状态监测的关键技术，包括系统参数配置、光路关键点定位、温度和应变系数快速标定、温度和应变同时区分测量，通过理论分析、方案设计、实验、数据分析等手段详细说明了关键技术的使用方法，并给出了应用案例，为应用光纤传感技术进行海底电缆状态监测提供了参考。

第 4 章

海底电缆状态参量的获取

4.1 海底电缆热路模型建模与分析

4.1.1 基于热路法的稳态温度关系建模

热路法是传热学中的一种经典方法，IEC 60287 标准利用热路法计算电缆的额定载流量，将电缆分成导体层、绝缘层、内衬层、外护层四部分，同时考虑电缆损耗和外界环境，计算出的载流量具有很大的安全富裕。利用热路法可以构建电缆各层的温度场模型，目前国内外文献中主要报道陆地电缆的建模方法，海底电缆结构复杂，对其热路建模方法鲜有报道。本节以 YJQ41 型 110kV 光纤复合海底电缆为例，详细介绍其稳态热路模型的构建方法。

1. 热路构建

海底电缆结构复杂，如果按照导体层、绝缘层、内衬层、外护层四层分割，必然导致较大的计算误差，为了提高计算精度，只将具有相同材料热阻系数的层合并，以兼顾热路简化和计算精度。表 4-1 是海底电缆各层结构组件的材料热阻系数。根据表中数据，本书将导体包带、导体屏蔽、绝缘层、绝缘屏蔽合并；将 PET 填充条和沥青 PP 绳被层合并，由于光纤在 PET 填充条内，为了获取光纤与导体、金属护套的温度关系，将此合并层以光纤为界分层两层；最后建立如图 4-1 所示热路。图中，$T_1 \sim T_{10}$ 为绝缘层、半导电阻水带、铅合金护套、沥青防腐层、HDPE 塑料护套、黄铜带、PET 层 1、PET 层 2、铠装层、沥青 PP 绳被层的热阻，W_1 为导体损耗，W_{11} 为绝缘层介质损耗，W_2 为铅合金护套损耗，W_3 为铠装层损耗；$\theta_1 \sim \theta_{10}$ 为海底电缆各层结构组件的表面温度，θ_0 为海底电缆表面温度，θ_8 为光纤温度。

表 4-1   海底电缆各层结构组件的材料热阻系数及合并情况

海底电缆结构	材料热阻系数 （K·m/W）	本书合并情况	IEC 60287 分层情况
导体	0.00	导体	导体

续表

海底电缆结构	材料热阻系数 （K·m/W）	本书合并情况	IEC 60287 分层情况
导体包带	3.5	绝缘层	绝缘层
导体屏蔽	3.5		
绝缘	3.5		
绝缘屏蔽	3.5		
半导电阻水带	6.0	半导电阻水带	内衬层
铅合金护套	0.03	铅合金护套	
沥青防腐层	5.0	沥青防腐层	
HDPE 塑料护套	3.5	HDPE 塑料护套	
黄铜带	0.0092	黄铜带	
PET 填充条	6.0	PET 层	
沥青 PP 绳被层	6.0		
铠装层	0.02	铠装层	外护层
沥青 PP 绳被层	6.0	沥青 PP 绳被层	

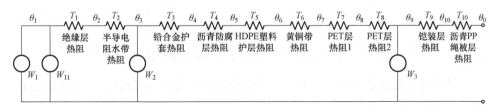

图 4-1　海底电缆稳态热路模型

2. 热路参数计算

稳态热路中的热阻和损耗计算公式在 IEC 60287 标准中有详细介绍，本书只做简单介绍，并指出海底电缆计算过程中的注意事项。

（1）热阻计算。海底电缆各层结构组件都呈圆环形对称分布，对于此种结构的材料，其热阻计算公式为

$$T = \frac{\rho_\mathrm{T}}{2\pi}\ln\left(\frac{D}{d}\right) \tag{4-1}$$

式中：ρ_T 为该层结构组件的材料热阻系数，K·m/W；D 为该层结构组件的外径，m；d 为该层结构组件的内径，m。

需要注意的是，金属层一般不计算热阻，但铅合金护套、黄铜带和钢丝铠

装层因为是合金，具有一定的热阻系数，为了保证计算精度，本书计算了它们的热阻；PET 填充层是多根相同直径 PET 填充条的绞合结构，每根之间具有一定的气隙，该气隙会增加该层的热阻，本书根据经验对 PET 填充层的热阻进行修正，将计算值乘以 3.5 作为实际的热阻；铠装层的热阻也采用同样的处理方法，修正系数为 2.6。

（2）损耗计算。

1）导体损耗，导体损耗主要由电流发热产生，其计算公式为

$$W_1 = I^2 R \qquad (4-2)$$

式中：I 为流经导体的交流电流有效值，A；R 为单位长度（1m）导体的有效电阻，Ω/m。

$$R = R'(1 + y_\mathrm{s} + y_\mathrm{p}) \qquad (4-3)$$

式中：R' 为单位长度导体在 θ_c 时的直流电阻；y_s 为集肤效应系数；y_p 为邻近效应系数。

导体在 θ_c 时的直流电阻由下式计算

$$R' = R_0 [1 + \alpha_{20}(\theta_\mathrm{c} - 20)] \qquad (4-4)$$

式中：R_0 为单位长度电缆线芯在 20℃时的直流电阻；α_{20} 为导体材料以 20℃为基准时的电阻温度系数，1/℃；θ_c 为导体温度，℃。

集肤效应系数是由导体电流集肤效应引起导体电阻增加的百分比

$$y_\mathrm{s} = \frac{x_\mathrm{s}^4}{192 + 0.8 x_\mathrm{s}^4} \qquad (4-5)$$

式中：$x_\mathrm{s}^2 = \dfrac{8\pi f}{R} \times 10^{-7} k_\mathrm{s}$，$f$ 为电源频率；紧压圆绞线导体的 $k_\mathrm{s} = 1.0$。

邻近效应系数是由于邻近效应导致导体电阻增加的百分数，三芯或者三根单芯电缆由下式计算

$$y_\mathrm{p} = \frac{x_\mathrm{p}^4}{192 + 0.8 x_\mathrm{p}^4} \left(\frac{d_\mathrm{c}}{s}\right)^2 \times \left[0.312 \left(\frac{d_\mathrm{c}}{s}\right)^2 + \frac{1.18}{\dfrac{x_\mathrm{p}^4}{192 + 0.8 x_\mathrm{p}^4} + 0.27}\right] \qquad (4-6)$$

式中：$x_\mathrm{p}^2 = \dfrac{8\pi f}{R} \times 10^{-7} k_\mathrm{p}$，紧压圆绞线导体的 $k_\mathrm{p} = 1.0$；d_c 为导体直径，mm；s 为各导体轴心之间的距离，对于平面排列的电缆，s 为相邻相间距，mm。

2）绝缘损耗，单位长度海底电缆的绝缘损耗按下式计算

$$W_{11} = w \cdot c \cdot U_0^2 \cdot \tan\delta \qquad (4-7)$$

$$w = 2\pi f \qquad (4-8)$$

式中：f 为电源的频率；c 为绝缘单位长度上的电容，F/m；U_0 为相电压，V；$\tan\delta$ 为在绝缘损耗因数。

圆环形截面绝缘的电容由下式计算

$$c = \frac{\varepsilon}{18\ln\left(\dfrac{D}{d}\right)} \times 10^{-9} \tag{4-9}$$

式中：ε 为绝缘材料的介电系数；D 为绝缘层外径，不含绝缘屏蔽，mm；d 为绝缘内径，不含导体屏蔽，mm。

可见，对于材料和尺寸一定的绝缘，其绝缘损耗由相电压决定，与电流无关。

3）铅合金护套损耗，铅合金护套损耗与导体电流的平方成正比，因此它也与导体损耗 W_1 成正比，则有

$$\begin{cases} W_2 = \lambda_1 W_1 \\ \lambda_1 = \lambda_1' + \lambda_1'' \end{cases} \tag{4-10}$$

式中：λ_1 为铅合金护套相对于导体损耗的损耗系数，它包括环流损耗系数 λ_1' 和涡流损耗系数 λ_1''。

海底电缆一般采用两端接地方式，因此铅合金护套中会产生很大的环流，与环流损耗相比，涡流损耗可以忽略，因此主要计算环流损耗系数。环流损耗系数与电流相角有关，对于等距平面并列敷设的单芯三相海底电缆而言，A、C 相在两边，B 相在中间，A、B、C 三相电流 $\dot{I}_1$、$\dot{I}_2$、$\dot{I}_3$ 满足

$$\begin{cases} \dot{I}_1 = \dot{I}_2 \angle 120° \\ \dot{I}_3 = \dot{I}_2 \angle -120° \end{cases} \tag{4-11}$$

则 A、B、C 三相海底电缆的环流损耗系数 λ_{1A}'、λ_{1B}'、λ_{1C}' 可按下式计算

$$\begin{cases} \lambda_{1A}' = \dfrac{R_S}{R}\left(\dfrac{\frac{3}{4}P^2}{R_S^2 + P^2} + \dfrac{\frac{1}{4}Q^2}{R_S^2 + Q^2} - \dfrac{2R_S PQX_m}{\sqrt{3}(R_S^2 + P^2)(R_S^2 + Q^2)} \right) \\[3mm] \lambda_{1B}' = \dfrac{R_S}{R}\left(\dfrac{Q^2}{R_S^2 + Q^2} \right) \\[3mm] \lambda_{1C}' = \dfrac{R_S}{R}\left(\dfrac{\frac{3}{4}P^2}{R_S^2 + P^2} + \dfrac{\frac{1}{4}Q^2}{R_S^2 + Q^2} + \dfrac{2R_S PQX_m}{\sqrt{3}(R_S^2 + P^2)(R_S^2 + Q^2)} \right) \end{cases} \tag{4-12}$$

式中：R_S 为单位长度铅合金护套的有效电阻

$$R_S = \frac{\rho_S}{A_S}[1 + \alpha_S(\theta \cdot \eta - 20)] \tag{4-13}$$

式中：ρ_S 为铅合金护套的导电率；A_S 为铅合金护套的截面积；α_S 为铅合金电阻温度系数；θ 为导体工作温度，在导体温度未知时按 90℃ 计算；η 为铅合金护套温度相对于导体温度的比率，与绝缘热阻值有关，一般取 0.7~0.8。

$$\begin{cases} P = X_S + X_m \\ Q = X_S - \dfrac{1}{3}X_m \end{cases} \tag{4-14}$$

式中：X_S 为相邻两根单芯海底电缆单位长度金属套或屏蔽的电抗；X_m 为平面形排列时，某一外侧海底电缆铅合金护套与另外两根海底电缆导体之间单位长度上的互抗，按下式计算

$$\begin{cases} X_S = \left(2w\ln\dfrac{2s}{D_S}\right)\times 10^{-7} \\ X_m = (2w\ln 2)\times 10^{-7} \end{cases} \qquad (4-15)$$

式中：D_S 为铅合金护套外径。

3. 海底电缆与传感光纤的温度关系方程

热流场与电路场具有相似性，电路中的电压、电流和电阻分别对应热路中的温度、热流和热阻，利用电路中的节点电压法，根据某节点流入与流出热流相等的原理，由图 5-1 的稳态热路可得

$$\frac{1}{T_1}\theta_1 - \frac{1}{T_1}\theta_2 \qquad\qquad = W_1 + W_{11}$$

$$-\frac{\theta_1}{T_1} + \left(\frac{1}{T_1}+\frac{1}{T_2}\right)\theta_2 - \frac{\theta_3}{T_2} \qquad = 0$$

$$-\frac{\theta_2}{T_2} + \left(\frac{1}{T_2}+\frac{1}{T_3}\right)\theta_3 - \frac{\theta_4}{T_3} \qquad = W_2$$

$$-\frac{\theta_3}{T_3} + \left(\frac{1}{T_3}+\frac{1}{T_4}\right)\theta_4 - \frac{\theta_5}{T_4} \qquad = 0$$

$$-\frac{\theta_4}{T_4} + \left(\frac{1}{T_4}+\frac{1}{T_5}\right)\theta_5 - \frac{\theta_6}{T_5} \qquad = 0$$

$$-\frac{\theta_5}{T_5} + \left(\frac{1}{T_5}+\frac{1}{T_6}\right)\theta_6 - \frac{\theta_7}{T_6} \qquad = 0$$

$$-\frac{\theta_6}{T_6} + \left(\frac{1}{T_6}+\frac{1}{T_7}\right)\theta_7 - \frac{\theta_8}{T_7} \qquad = 0$$

$$-\frac{\theta_7}{T_7} + \left(\frac{1}{T_7}+\frac{1}{T_8}\right)\theta_8 - \frac{\theta_9}{T_8} \qquad = 0$$

$$-\frac{\theta_8}{T_8} + \left(\frac{1}{T_8}+\frac{1}{T_9}\right)\theta_9 - \frac{\theta_{10}}{T_9} \qquad = W_3$$

$$-\frac{\theta_9}{T_9} + \left(\frac{1}{T_9}+\frac{1}{T_{10}}\right)\theta_{10} = \frac{\theta_0}{T_{10}} \qquad (4-16)$$

其中，热阻、损耗均可根据材料参数计算得出，$\theta_0 \sim \theta_{10}$ 共 11 个未知数，若利用分布式光纤传感技术获得光纤的温度 θ_8，则根据式（4-16）中的 10 个一次方程可解出其他各层的温度。令

$$T = \begin{bmatrix} \dfrac{1}{T_1} & -\dfrac{1}{T_1} \\[2mm] -\dfrac{1}{T_1} & \dfrac{1}{T_1}+\dfrac{1}{T_2} & -\dfrac{1}{T_2} \\[2mm] & -\dfrac{1}{T_2} & \dfrac{1}{T_2}+\dfrac{1}{T_3} & -\dfrac{1}{T_3} \\[2mm] & & -\dfrac{1}{T_3} & \dfrac{1}{T_3}+\dfrac{1}{T_4} & -\dfrac{1}{T_4} \\[2mm] & & & -\dfrac{1}{T_4} & \dfrac{1}{T_4}+\dfrac{1}{T_5} & -\dfrac{1}{T_5} \\[2mm] & & & & -\dfrac{1}{T_5} & \dfrac{1}{T_5}+\dfrac{1}{T_6} & -\dfrac{1}{T_6} \\[2mm] & & & & & -\dfrac{1}{T_6} & \dfrac{1}{T_6}+\dfrac{1}{T_7} & -\dfrac{1}{T_7} \end{bmatrix} \tag{4-17}$$

$$\theta = \begin{bmatrix} \theta_1 & \theta_2 & \theta_3 & \theta_4 & \theta_5 & \theta_6 & \theta_7 \end{bmatrix}^{\mathrm{T}} \tag{4-18}$$

$$W = \begin{bmatrix} W_1+W_{11} & 0 & W_2 & 0 & 0 & 0 & \dfrac{\theta_8}{T_7} \end{bmatrix}^{\mathrm{T}} \tag{4-19}$$

则有

$$T \cdot \theta = W \tag{4-20}$$

其中，T 和 W 已知，于是可得出光纤以内各层温度与传感光纤温度的关系方程为

$$\theta = T^{-1} \cdot W \tag{4-21}$$

利用求得的温度值，带入式（4-16）中其他各式，可求出光纤以外各层的温度。因此，只要利用分布式光纤传感技术测量出光纤的温度，即可通过热路方程计算出海底电缆其他各层的温度。

4.1.2　暂态模型建模与分析

1. 热路构建

海底电缆导体中的电流在一天内呈周期性变化，有时会出现应急负荷，如遇短路或接地故障还会出现短路电流，因此，导体中的电流是实时变化的。进行海底电缆状态监测必须实时获取温度信息，而稳态模型是以固定电流为前提的，因此，必须建立海底电缆的暂态模型，以满足实时监测的目的。

海底电缆暂态模型中需考虑各层结构组件的热容，其与热阻是并联关系，对于能够产生损耗的结构组件，因损耗产生的热流会同时流入热阻和热容，因此损耗在热阻和热容之前。对照图 4-1 所示的稳态热路可画出 YJQ41 型海底电缆的暂态热路模型如图 4-2 所示。其中，热阻、损耗与 4.1.1 节相同，Q_c 是导体热容，$Q_1 \sim Q_{10}$ 分别是绝缘层、半导电阻水带、铅合金护套、沥青防腐层、HDPE 塑料护套、黄铜带、PET 层 1、PET 层 2、铠装层、沥青 PP 绳被层的热容。

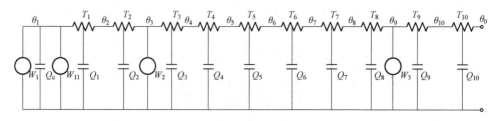

图 4-2　海底电缆的暂态热路模型

2. 热路参数计算

暂态热路中的热阻和损耗按 4.1.1 节中的公式计算。各层热容按下式计算

$$Q = \frac{\pi}{4}\delta \cdot (D^2 - d^2) \tag{4-22}$$

式中：δ 为各层结构组件的体积热容；D 为外径；d 为内径。导体的内径按 0 计算。

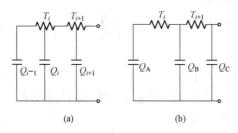

图 4-3　第 i 层结构组件的热路
(a) 采用热容分布参数的热路；
(b) 采用热容集中参数的热路

3. 暂态热路变换和化简

图 4-2 所示暂态热路中的热容是分布参数，按此热路形式进行计算十分困难。由于本书要获得的是导体、铅合金护套与光纤的温度关系，而无须知道各层结构组件内部的温度分布，因此可将热容的分布参数转换为集中参数，以方便计算节点之间的温度关系。IEC 60853 标准推荐采用分配比例因数将热容分配到相邻的温度节点上去，本书借鉴标准，采用的具体计算方法如图 4-3 和式（4-23）所示。转换后，采用热容集中参数的暂态热路如图 4-4 所示，图中只画出了光纤以内的部分。

$$\begin{cases} Q_A = Q_{i-1} + p_1 \cdot Q_i \\ Q_B = (1 - p_1) \cdot Q_i + p_2 \cdot Q_{i+1} \\ Q_C = (1 - p_2) \cdot Q_{i+1} \\ p_1 = \dfrac{1}{2\ln\left(\dfrac{D_i}{d_i}\right)} - \dfrac{1}{\left(\dfrac{D_i}{d_i}\right)^2 - 1} \\ p_2 = \dfrac{1}{2\ln\left(\dfrac{D_{i+1}}{d_{i+1}}\right)} - \dfrac{1}{\left(\dfrac{D_{i+1}}{d_{i+1}}\right)^2 - 1} \end{cases} \tag{4-23}$$

式中：Q_{i-1} 为第 i 层结构组件左侧节点上的热容，该热容可为 0；Q_i 和 Q_{i+1} 为第 i 层和 $i+1$ 层结构组件上的热容分布参数；Q_A、Q_B 和 Q_C 为转换后的热容集中参数；p_1 和 p_2 为分配比例因数，D_i 和 D_{i+1} 为结构组件的外径，d_i 和 d_{i+1} 为内径。

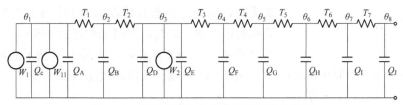

图 4 - 4　采用热容集中参数的暂态热路模型

　　由于铅合金护套的损耗与导体损耗存在比例关系，所以铅合金护套损耗的作用可通过比例系数等效到邻近的热阻和热容参数中，经过等效的暂态热路如图 4 - 5 所示。

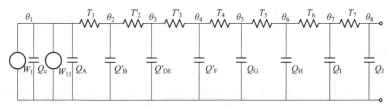

图 4 - 5　铅合金护套损耗等效后的暂态热路

　　图 4 - 5 中，新的热阻、热容参数按下式计算

$$\begin{cases} T'_2 = q \cdot T_2 \\ T'_3 = q \cdot T_3 \\ Q'_B = (1-p_1) \cdot Q_1 + p_2 \cdot Q_2/q \\ Q'_{DE} = (1-p_2) \cdot Q_2/q + p_3 \cdot Q_3/q \\ Q'_F = (1-p_3) \cdot Q_3/q + p_4 \cdot Q_4 \\ p_1 = \dfrac{1}{2\ln\left(\dfrac{D_1}{d_1}\right)} - \dfrac{1}{\left(\dfrac{D_1}{d_1}\right)^2 - 1} \\ p_2 = \dfrac{1}{2\ln\left(\dfrac{D_2}{d_2}\right)} - \dfrac{1}{\left(\dfrac{D_2}{d_2}\right)^2 - 1} \\ p_3 = \dfrac{1}{2\ln\left(\dfrac{D_3}{d_3}\right)} - \dfrac{1}{\left(\dfrac{D_3}{d_3}\right)^2 - 1} \\ p_4 = \dfrac{1}{2\ln\left(\dfrac{D_4}{d_4}\right)} - \dfrac{1}{\left(\dfrac{D_4}{d_4}\right)^2 - 1} \\ q = 1 + w_2/w_1 \end{cases} \quad (4-24)$$

式中：$D_1 \sim D_4$ 和 $d_1 \sim d_4$ 分别为 $T_1 \sim T_4$ 各层的外径和内径。

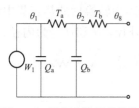

图 4 - 6　简化后的暂态热路

转换后的热路中仍然存在大量的热容，给计算带来困难，需要进行简化。由于绝缘损耗与导体电流无关，所以对暂态分析没有影响，在进行暂态计算时可以去掉；同时，忽略光纤处的热容 Q_J。于是，本书将图 4 - 5 所示热路简化为图 4 - 6 所示的热路。

图 4 - 6 中热阻、热容参数按下式计算

$$\begin{cases} T_a = T_1 \\ T_b = T_2 + T_3 + \cdots + T_7 \\ Q_a = Q_C + Q_A \\ Q_b = Q'_B + \left(\dfrac{T'_3 + T_4 + T_5 + T_6 + T_7}{T_b}\right)^2 \cdot Q'_{DE} \\ \qquad + \left(\dfrac{T_4 + T_5 + T_6 + T_7}{T_b}\right)^2 Q'_F + \cdots + \left(\dfrac{T_7}{T_b}\right)^2 Q_I \end{cases} \quad (4-25)$$

4. 暂态热路求解

图 4 - 6 所示暂态热路中，由于电流的存在，导体损耗会产生热流，进而影响其他支路的热流，相当于电路中的电流源；光纤层等温面的温度受外界环境温度的影响也会变化，进而影响其他节点处的温度，相当于电路中的电压源。由线性电路叠加定理可知，线性电路中全部独立电源产生的电压或电流，等于每一个独立电源单独作用时产生电压或电流的代数和。其中，电源指电压源或电流源。热路和电路具有相同的性质，热路中的热流和温度相当于电路中的电流和电压，因此本书使用叠加定理求解图 4 - 6 所示的暂态热路，将导体损耗对应的电流源和光纤等温面温度对应的电压源分别进行计算，然后再叠加。

（1）导体损耗变化导致的海底电缆温度变化。只考虑导体损耗变化时，认为光纤温度是恒定的。此时，暂态热路如图 4 - 7 所示。

根据热路与电路的相似性，可列出求解图 4 - 7 所示暂态热路的一阶微分方程

$$\begin{cases} W_1 + \Delta W_1 = Q_a \dfrac{d\theta_1(t)}{dt} + \dfrac{\theta_1(t) - \theta_2(t)}{T_a} \\ \dfrac{\theta_1(t) - \theta_2(t)}{T_a} = Q_b \dfrac{d\theta_2(t)}{dt} + \dfrac{\theta_2(t) - \theta_8}{T_b} \end{cases}$$

$$(4 - 26)$$

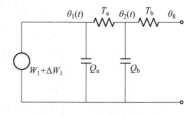

图 4 - 7　只考虑导体损耗变化时的暂态热路

式中：ΔW_1 为导体损耗的变化量，可根据海底电缆的导体电流计算获得；θ_8 为海底电缆内光纤的稳态初始温度，由分布式光纤温度传感设备测量得到。

式（4-26）中，只有 $\theta_1(t)$ 和 $\theta_2(t)$ 两个未知数，利用龙格库塔函数即可求解此一阶常微分方程组，得出导体和铅合金护套只在导体损耗变化 ΔW_1 时的温度变化量。求解方程所需的导体和铅合金护套温度初始值可由稳态热路计算得到。

（2）光纤等温面温度变化导致的海底电缆温度变化。只考虑光纤等温面温度变化导致的海底电缆变化时，认为导体和铅合金护套的损耗是恒定的。此时，暂态热路如图 4-8 所示。

根据热路与电路的相似性，可列出求解图 4-8 所示暂态热路的一阶微分方程

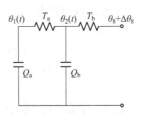

$$\begin{cases} \dfrac{\theta_8 + \Delta\theta_8 - \theta_2(t)}{T_b} = Q_b\dfrac{\mathrm{d}\theta_2(t)}{\mathrm{d}t} + \dfrac{\theta_2(t) - \theta_1(t)}{T_a} \\ \dfrac{\theta_2(t) - \theta_1(t)}{T_a} = Q_a\dfrac{\mathrm{d}\theta_1(t)}{\mathrm{d}t} \end{cases}$$

$$(4-27)$$

图 4-8　只考虑光纤等温面温度变化时的暂态热路

式中：$\Delta\theta_8$ 为光纤等温面温度的变化量，由分布式光纤温度传感设备测量得到。

式（4-27）中，只有 $\theta_1(t)$ 和 $\theta_2(t)$ 两个未知数，利用龙格库塔函数即可求解此一阶常微分方程组，得出导体和铅合金护套只在光纤等温面温度变化 $\Delta\theta_8$ 时的温度变化量。求解方程所需的导体和铅合金护套温度初始值可由稳态热路计算得到。

（3）海底电缆的初始温度和绝缘损耗。（1）和（2）中只考虑了导体损耗变化和光纤等温面温度变化导致的海底电缆温度变化，海底电缆的实时温度应该是其初始温度加上温度变化量，此初始温度即为稳态温度。需要说明的是，如果初始电流为零，则海底电缆各层初始温度一致，同为光纤温度，且在计算温度变化时，需要考虑绝缘损耗对海底电缆的影响。

5. 实时温度计算

海底电缆运行过程中，其负荷电流是实时连续变化的，因此其导体损耗也是实时变化的。为了计算方便，将连续变化的导体损耗离散化，即每隔一段时间计算一次导体损耗变化导致的海底电缆温度变化，再将每次的变化量叠加，只要时间间隔合适，计算结果就能满足精度要求。研究表明，海底电缆的热时间常数一般为 4～6h，因此，某一时刻海底电缆的温度受之前 4～6h 内导体损耗的影响。假设导体损耗离散化的时间间隔是 1h，计算时间长度取 6h，则当前时刻相对于 6h 前，由导体损耗导致的导体温度变化为

$$\Delta\theta_1(W) = \Delta\theta_1(W_6 - W_5) + \Delta\theta_1(W_5 - W_4) + \cdots + \Delta\theta_1(W_2 - W_1) + \Delta\theta_1(W_1)$$

$$(4-28)$$

式中：W_i 为第 i 小时的导体损耗；$\Delta\theta_1$（$W_{i+1}-W_i$）为 $i+1$ 小时相对于 i 小时的导体损耗变化导致的导体温度变化；$i=1$，2，…，5。$\Delta\theta_1$（W_1）按稳态计算，这是因为海底电缆进入稳态需要 6h，即 6h 前导体损耗的影响已进入稳态。

同理，光纤等温面温度变化导致的导体温度变化可按下式计算

$$\Delta\theta_1(\theta) = \Delta\theta_1(\theta_6-\theta_5) + \Delta\theta_1(\theta_5-\theta_4) + \cdots + \Delta\theta_1(\theta_2-\theta_1) \quad (4-29)$$

式中：θ_i 为第 i 小时的光纤温度；$\Delta\theta_1$（$\theta_{i+1}-\theta_i$）为 $i+1$ 小时相对于 i 小时的光纤温度变化导致的导体温度变化，$i=1$，2，…，5。

最后，可得出导体实时温度为

$$\theta_1(t) = \Delta\theta_1(W) + \Delta\theta_1(\theta) + \Delta\theta_1(W_{11}) \quad (4-30)$$

式中：$\Delta\theta_1$（W_{11}）为由绝缘损耗 W_{11} 导致的导体温度变化。

铅合金护套温度的计算方法与导体相同，不再赘述。

4.2 海底电缆电热耦合有限元建模与分析

已知导体电流、材料热阻、损耗、某层温度，可以利用热路法计算海底电缆各层温度，但该方法认为海底电缆各层结构是均匀一致的，忽略了海底电缆结构复杂且层间存在气隙的特点，导致测量误差大。有限元法可以精确构建海底电缆内的各层结构，避免热路法导致的误差；同时，还可设置复杂的边界条件，分析海底电缆周围的温度场，进行复杂工况的模拟，解决海底电缆试验高成本、实验条件受限的问题。本节将建立海底电缆稳态有限元热力学模型，利用数值计算获得海底电缆内的温度分布，建立导体与光纤的温度关系。

1. 有限元模型构建

海底电缆结构对称性和材料一致性较好，热量传递各向同性，因此本书将热传递问题简化为平面稳态温度场分布问题。热力学模型中，海底电缆的结构参数和导热系数如表 4-2 所示。

表 4-2　　　　　　　　　海底电缆结构尺寸与导热系数表

结构	厚度（cm）	导热系数［W/（m·℃）］
铜导体	1.04	380
导体包带 导体屏蔽 绝缘 绝缘屏蔽	2.05	2.25
半导电阻水带	0.1	0.55
铅合金护套	0.4	35

续表

结构	厚度（cm）	导热系数［W/（m·℃）］
沥青防腐 HDPE 塑料护套	0.48	0.5
黄铜带		0.55
PET 填充条		120
光单元	0.6	0.9
钢管		16.26
聚乙烯护套		0.48
沥青 PP 绳被层		0.75
铠装层	0.6	65
沥青 PP 绳被层	0.4	0.8
土壤	—	1.25

（1）计算热生成率，有限元模型中，海底电缆发热组件中的热量以热生成率的形式施加，热生成率按下式计算

$$Q = W \cdot l/V \tag{4-31}$$

式中：W 为海底电缆结构组件的损耗，可用损耗计算公式计算；l 为海底电缆长度；V 为产生损耗部分的体积。

（2）边界条件确定与网格划分。根据电缆温度分布边界条件设定方法，本书确定如图 4-9 所示的温度场边界条件。深层土壤温度恒定，设定下边界为第一类边界条件；水平方向温度梯度近似为 0，即左右边界法向热流密度为 0，所以设定左右边界为第二类边界条件；海床表面与海水之间存在对流换热，故设置上边界为第三类边界条件。海底电缆敷设于海床下 2m，只有海缆附近的温度变化较剧烈，所以设置四周边界距离均为 2m。

有限元法的积分计算是在每个网格单元中进行的，网格密度越高计算越精确，但会增加计算时间。本书将海底电缆及周围重点分析部位进行密集的网格划分，距离较远部位进行相对粗糙的网格划分，以保证在不增加单元和节点数量的前提下提高计算精度，网格划分效果如图 4-10 所示。

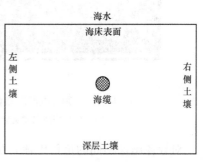

图 4-9　海底电缆埋设边界条件示意图

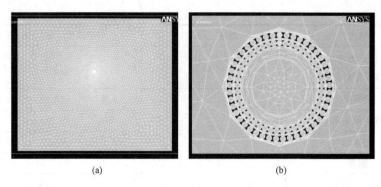

(a)   (b)

图 4-10　有限元模型网格划分效果图

(a) 整体温度场网格划分；(b) 海底电缆本体网格划分

2. 数值求解与分析

(1) 数值求解。对海底电缆施加 500A 的额定载流量，3 月份海水温度约 14℃，认为海水温度与深层土壤温度近似相等，作为环境温度，土壤与海水的对流换热系数为 200W/（m² · ℃）。按以上条件求解有限元模型，得到整体温度分布及海底电缆内温度分布结果如图 4-11 所示。由图可知，由于土壤和海水的温度较低，且距离海底电缆 2m 处存在固定的温度边界限制与对流换热限制，海底电缆难以对 1.6m 以外的环境温度产生影响，产生的热量基本全部作用于土壤温度升高，即作为热源的海底电缆温度影响的范围是有限的。

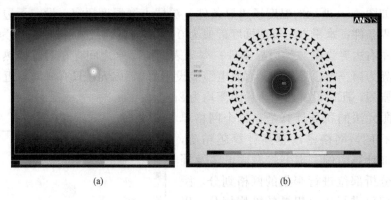

(a)   (b)

图 4-11　500A 电流时整体温度场分布与海底电缆内温度分布

(a) 整体温度场分布；(b) 海底电缆内温度分布

对导体施加不同的负荷电流，仿真环境温度在 14℃ 条件下的温度分布，提取光纤温度与导体温度数据，结果如表 4-3 所示。

表 4-3　　　　　　　14℃环境温度时不同负荷下光纤和导体温度数据

负荷电流（A）	光纤温度 T_{f14}（℃）	导体温度 T_{c14}（℃）
20	14.4	14.6
200	19.9	21.7
350	32.0	37.4
500	50.6	61.7
700	85.7	107.4

（2）环境因素对结果的影响。海底电缆实际敷设海域的环境温度随季节在14～24℃范围内变化，间隔2℃选取6个环境温度点进行有限元求解，分别为14、16、18、20、22和24℃。环境温度14℃下的求解结果如表4-3所示，其他温度下的光纤和导体温度数据如表4-4所示。

表 4-4　　　　　　　　不同环境温度下光纤和导体温度数据

环境温度 16℃		环境温度 18℃		环境温度 20℃		环境温度 22℃		环境温度 24℃	
光纤温度 T_{f16}（℃）	导体温度 T_{c16}（℃）	光纤温度 T_{f18}（℃）	导体温度 T_{c18}（℃）	光纤温度 T_{f20}（℃）	导体温度 T_{c20}（℃）	光纤温度 T_{f22}（℃）	导体温度 T_{c22}（℃）	光纤温度 T_{f24}（℃）	导体温度 T_{c24}（℃）
16.4	16.6	18.4	18.6	20.4	20.6	22.4	22.6	24.4	24.6
21.9	23.7	23.9	25.7	25.9	27.7	27.9	29.7	29.9	31.7
34.0	39.4	36.0	41.4	38.0	43.4	40.0	45.4	42.0	47.4
52.6	63.7	54.6	65.7	56.6	67.7	58.6	69.7	60.6	71.7
87.7	109.4	89.7	111.4	91.7	113.4	93.7	115.4	95.7	117.4

对不同环境温度下的导体和光纤温度进行拟合，如图4-12所示。由图可知，某一环境温度下，光纤温度随导体温度增加而增加；某一导体温度下，光纤温度随环境温度上升而上升；固定光纤温度下，导体温度上升则环境温度下降。拟合确定系数为0.999，均方根误差为0.05℃，可见它们具有较好的线性关系。

根据拟合曲线得到不同温度下导体温度与光纤温度的关系式为

$$\begin{cases} T_{c16} = 1.3T_{f16} - 4.8 \\ T_{c18} = 1.3T_{f18} - 5.4 \\ T_{c20} = 1.3T_{f20} - 6.0 \\ T_{c22} = 1.3T_{f22} - 6.6 \\ T_{c24} = 1.3T_{f24} - 7.2 \end{cases} \tag{4-32}$$

式中：T_{c16}、T_{c18}、T_{c20}、T_{c22}、T_{c24} 依次为环境温度 16、18、20、22、24℃下的导体温度；T_{f16}、T_{f18}、T_{f20}、T_{f22}、T_{f24} 依次为环境温度 16、18、20、22、24℃下的光纤温度。由式（4-32）可知，导体和光纤温度存在线性关系，导体温度升高 1.3℃对应光纤温度升高 1℃；光纤温度不变时，环境温度每升高 1℃，导体温度下降 0.3℃。据此，可建立导体温度 T_{ct}、光纤温度 T_{ft} 和环境温度 t 之间的关系方程

$$T_{ct} = 1.3T_{ft} - [4.2 + 0.3(t-14)] \tag{4-33}$$

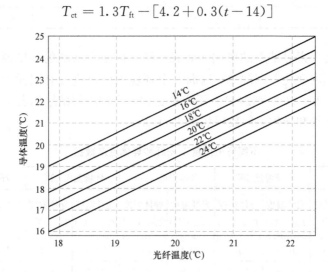

图 4-12 不同环境温度下导体温度与光纤温度的拟合曲线

（3）对流换热系数对结果的影响，土壤与海水之间的对流换热系数会影响土壤向海水的散热速度和散热量，并可能会影响海底电缆内部的温度分布。土壤与海水的对流换热系数受风速和温差影响在 200～1000W/（m²·℃）范围内变化，设环境温度为 20℃，导体负荷电流 500A，取不同对流换热系数分别进行仿真，结果如表 4-5 所示。

表 4-5　　　　　　　　不同对流换热系数下导体和光纤的温度

对流换热系数 h_f [W/（m²·℃）]	200	400	600	800	1000
导体温度 T_c（℃）	67.73	67.72	67.72	67.72	67.72
光纤温度 T_f（℃）	56.61	56.60	56.59	56.59	56.59

表 4-5 数据表明，在 200～1000W/（m²·℃）的对流换热系数范围内，对流换热系数对结果的影响可以忽略。这是由于海底电缆产生的绝大部分热量消耗于周围土壤温度的提升，通过厚度 2m 的土壤耗散到海水中的热量很少。

4.3　海底电缆热学试验

4.3.1　试验布置

为了验证本书构建的海底电缆稳态和暂态模型的正确性，对 YJQ41 型110kV 光纤复合海底电缆进行了稳态和暂态电流试验，试验系统示意图和照片如图 4 - 13 所示。图中，海底电缆长 30m，架设在离地 30cm 的空气中，导体两端短接，铅合金护套和铠装钢丝也短接，以模拟海底电缆金属护套两端接地的情况；导体中的电流靠两个穿心变压器感应获得，穿心变压器由一个大功率变压器驱动，导体中的实时电流由电流计测量；在热电偶布设区布置热电偶，分别测量导体、铅合金护套和光纤的温度，温度值实时记录在温度记录仪中；海底电缆内复合的光纤由 BOTDR 和 ROTDR 测量其应变和温度。

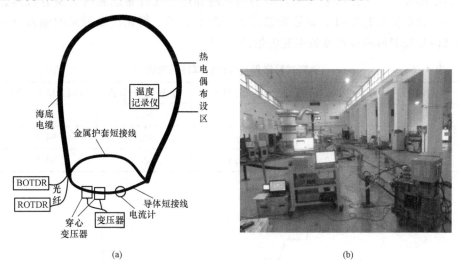

(a)　　　　　　　　　　　　　　　(b)

图 4 - 13　海底电缆电流试验

（a）电流试验示意图；（b）电流试验现场照片

4.3.2　试验内容与结果分析

1. 稳态试验

在室温 30℃下，对海底电缆施加 328A 的固定电流，持续 6h 后，分别测量导体、铅合金护套、光纤的温度，并与稳态热路模型和有限元模型的计算结果比较，结果列于表 4 - 6。由表可知，热电偶测量的温度稍低于光纤的温度，这是因为热电偶布设在光单元表皮，而光纤在光单元中间，因此，光纤比热电偶靠里，所以用分布式光纤传感器测量的温度更准。把该温度值代入稳态热路方程和有限元模型公式中，解出导体和铅合金护套的温度。表中数据表明，稳态热路计算的结果偏小，有限元模型计算的结果偏大，但是误差都控制在±2℃范围内，完全满足电力系统对电缆温度监测的精度要求。对比结果表明，本书建立的稳态时导体与光纤温度关系方程是正确的。

2. 暂态试验

在室温32℃下，对海底电缆施加小时阶跃电流，模拟正常运行时的周期性负荷，如图4-14所示。由图可见，共施加电流9h，约每小时电流阶跃变化一次，先下降后上升。根据前面的分析，认为进入稳态的时间为4h，即只有前4个小时的导体损耗和环境温度对第5个小时的海底电缆温度有影响。为了提高计算精度，求解温度时取时间步长为30min，最后根据4.1.2节公式求出导体和铅合金护套的实时温度变化如图4-15所示。由图可见，导体和铅合金护套温度的计算值与实测值变化趋势一致，二者偏差小于±3℃，满足电力系统对工程测量精度的要求。对比结果表明，本书建立的导体与光纤暂态温度关系方程是正确的。分析偏差的原因主要是测温装置引起的误差、简化模型带来的偏差及电缆结构参数和材料特性参数引起的偏差。

表4-6　　　　　　　　稳态试验结果与模型计算结果对比　　　　　　　单位:℃

材料温度	热电偶测量值	传感光纤测量值	稳态热路计算值	有限元模型计算值
导体温度	37.5	—	36.2	38.1
铅护套温度	35.3	—	34.7	36.4
光纤温度	32.7	33.5	33.5	33.5

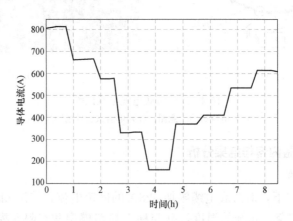

图4-14　阶跃电流曲线图

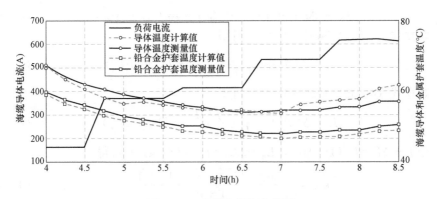

图 4 - 15　电流和温度曲线图

4.4　海底电缆与传感光纤的应变关系理论分析

4.4.1　直线拉伸试验理论分析

海底电缆呈圆柱形，各层结构组件围绕轴心对称分布，为了建立海底电缆与传感光纤的应变关系理论模型，本节从几何分析角度进行计算。

为了分析的方便，假设海底电缆在拉伸过程中体积不变，海底电缆各层结构组件之间没有相对位移，忽略光单元直径变化。光单元绞合结构及海底电缆拉伸前后沿轴向展开平面图如图 4 - 16 所示。其中，L 为海底电缆光单元的绞合节距，r 为光单元轴心与导体轴心的距离，L_g 为光单元在一个节距内的长度，θ 为光单元绞合角，Δr 为海底电缆拉伸后的径向变化，ΔL 为海底电缆的长度变化，ΔL_g 为光单元的长度变化。

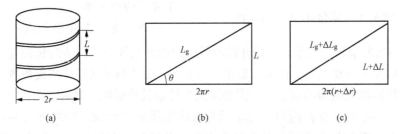

图 4 - 16　光单元绞合结构及平面展开图

(a) 光单元绞合结构；(b) 拉伸前沿轴向展开图；(c) 拉伸后沿轴向展开图

$$\pi r^2 L = \pi (r + \Delta r)^2 (L + \Delta L) \tag{4-34}$$

根据勾股定理可得

$$L^2 + (2\pi r)^2 = L_g{}^2 \tag{4-35}$$

$$(L + \Delta L)^2 + [2\pi(r + \Delta r)]^2 = (L_g + \Delta L_g)^2 \tag{4-36}$$

联立式（4-34）和式（4-36）可得

$$(L + \Delta L)^2 + 4\pi^2 \frac{r^2 L}{L + \Delta L} = (L_g + \Delta L_g)^2 \tag{4-37}$$

联立式（4-35）和式（4-36）可得

$$(L + \Delta L)^2 + \frac{(L_g^2 - L^2)L}{L + \Delta L} = (L_g + \Delta L_g)^2 \tag{4-38}$$

令 $L + \Delta L = L(1 + \Delta \varepsilon_L)$，$L_g + \Delta L_g = L_g (1 + \Delta \varepsilon_{Lg})$ 可得

$$\varepsilon_{Lg} = \sqrt{\frac{\sin^2\theta\left[(1+\varepsilon_L)^3 - 1\right] + 1}{1 + \varepsilon_L}} - 1 \tag{4-39}$$

式中：ε_L 和 ε_{Lg} 为海底电缆和光单元的应变。由于在海底电缆断裂前，应变值一般很小，所以可以忽略式（4-39）中应变的乘积项、平方项和立方项，则可得简化公式为

$$\varepsilon_{Lg} = \frac{3\sin^2\theta - 1}{2}\varepsilon_L \tag{4-40}$$

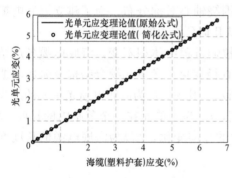

图 4-17　简化前后的计算差别

为了比较简化前后计算结果的差别，绘制海底电缆与光单元的应变如图 4-17 所示。由图可见，随着海底电缆应变的增加，由简化公式计算的光单元应变比简化前原始公式计算结果略小，但在 6% 以内基本相同，而海底电缆拉伸到此应变时，已经断裂，因此，可用简化公式描述海底电缆和光单元的应变关系。

另外，光纤在光单元内一般都存在约 0.5% 的余长，光单元拉伸开始阶段会先消耗光纤余长，待余长消耗完毕之后会将应变传递给光纤，因此，根据式（4-7）由分布式光纤传感设备测量的光纤应变计算海底电缆的应变时，需要加上光纤余长的影响。同时，由式（4-40）可知，在一定的应变范围内，光单元与海底电缆的应变成近似线性关系；二者的应变关系系数与光单元的绞合角度有关，角度越大系数越大，海底电缆在相同应变下，光单元的应变也越大。

4.4.2　卷绕试验理论分析

为了形象说明海底电缆卷绕时的受力情况，绘制图 4-18 所示的海底电缆卷绕示意图。图中，海底电缆半径为 r，卷绕后轴心半径为 R。卷绕前，海底电缆下表面与上表面长度相同，卷绕后，下表面成为内圈，上表面成为外圈，分别

产生压缩应变 ε_1 和拉伸应变 ε_2，即

$$\varepsilon_1 = \frac{2\pi(R-r)-2\pi R}{2\pi R} = -\frac{r}{R} \qquad (4-41)$$

$$\varepsilon_2 = \frac{2\pi(R+r)-2\pi R}{2\pi R} = \frac{r}{R} \qquad (4-42)$$

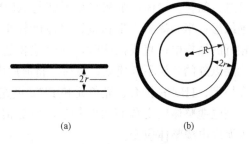

由式（4-41）、式（4-42）可知，内外圈的应变大小是相等的。因此，若光单元在海底电缆内承受较小摩擦力，且能够自由伸缩时，海底电缆的弯曲会同时导致内外圈光单元的收缩和拉伸，正好相互抵消，既不会导致光单元的轴向应变，也就不会引起光纤的应变。但是，在工程应用中，由于各种原因使光单元与相邻层

图 4-18　海底电缆卷绕示意图

（a）卷绕前的海底电缆；（b）卷绕后的海底电缆

摩擦力增大时，可能会导致其不能自由伸缩，此时海底电缆的弯曲会导致光单元的轴向应变。此段光单元若分布在海底电缆弯曲外圈，则产生正应变；若在内圈，则产生负应变；光单元应变值由其所处位置的径向半径决定。而且，海底电缆结构尺寸确定后，弯曲半径越小光单元的应变越大，这可以解释 IEC 标准中限定最小弯曲半径的原因。

4.4.3　张力弯曲试验理论分析

张力弯曲试验布置示意图如图 4-19 所示。此试验旨在测试软接头的质量，考查其在海底电缆敷设施工时，在鼓轮上对卷绕、拉伸等操作的承受能力。由图可知，绕在鼓轮上的部分同时承受卷绕和拉伸，其他部分只承受拉伸。因此，此试验可分解为卷绕和直线拉伸两部分，其理论分析可参见 4.2.1 和 4.2.2 的内容，此处不再赘述。

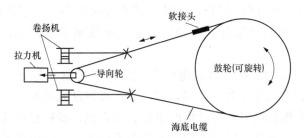

图 4-19　海底电缆张力弯曲试验布置示意图

4.5 海底电缆力学有限元建模与分析

4.5.1 有限元模型构建

YJQ41 型海底电缆结构复杂，共分 12 层，为了减少计算量，对海底电缆模型进行简化。导体屏蔽和绝缘屏蔽与 XLPE 绝缘的机械参数近似，可以合并入绝缘层；半导体阻水带和黄铜带厚度较小，机械性能较差，合并到其附近性能相近的结构中；直线拉伸时，钢丝铠装层对光单元绞合层没有影响，因此光单元层以外的各层不需建立；最后，将海底电缆简化成铜导体、XLPE 绝缘、铅合金护套、HDPE 护套、光单元和 PET 填充条六部分，相关参数如表 4-7 所示。海底电缆整体应变和 HDPE 护套的应变相等，因此可以提取 HDPE 护套应变作为海底电缆整体应变。

表 4-7 海底电缆各部件几何尺寸及参数

名称	密度 (t/cm³)	弹性模量 0.1MPa	泊松比	几何参数 （cm）	
				厚度	计算外径
铜导体	8.5×10^{-6}	1.298×10^{6}	0.34	—	2.08
XLPE 绝缘	1.4×10^{-6}	1.4×10^{4}	0.3	2.175	6.43
铅合金护套	9.0×10^{-6}	2.0×10^{5}	0.4	0.4	7.23
HDPE 护套	1.1×10^{-6}	9.0×10^{3}	0.3	0.495	8.22
光单元	2.6×10^{6}	7.0×10^{5}	0.27	0.6	9.78
PET 填充条	1.7×10^{6}	6.5×10^{5}	0.3		

海底电缆长 10m，各部件单元类型采用 8 节点构成的三维显式结构 SOLID164 实体单元，材料类型选择各向同性弹性材料；采用扫掠网格划分法对各部件进行均匀网格划分；光单元截面相对较小，为了增加模型的真实程度，对光单元进行加密处理；最后建立的海底电缆有限元模型如图 4-20 所示。

海底电缆的结构复杂，海底电缆各层之间、光单元与 PET 填充条之间、PET 填充条之间都会发生相互接触，接触方向难以准确判断。可以使用自动接触设置，由计算机根据实际接触情况进行自动识别，提高建模速度。同时，将海底电缆一端截面固定，即对该截面上的节点施加全部方向的约束；另一端施加轴向位移载荷，范围 0~8%，加载时间 8s，时间步长 9×10^{-5}s。最后，求解该模型。直线拉伸后的效果如图 4-21 所示。

由图可见，海底电缆整体出现了轴向拉伸和径向收缩，绞合层内的光单元和 PET 填充条之间的间隙逐渐减小、相互挤压，各部件之间的摩擦力增大。

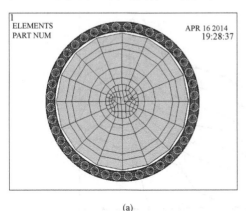 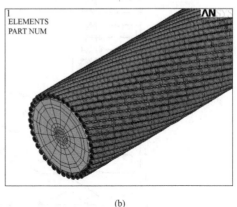

(a)　　　　　　　　　　　　　　　　　(b)

图 4 - 20　划分网格后的海底电缆有限元模型
（a）截面网络；（b）整体网络

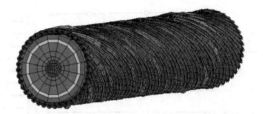

图 4 - 21　施加位移载荷后海底电缆变形图

4.5.2　结果分析

提取光单元和 HDPE 塑料护套的应变分布数据如图 4 - 22 所示。由图可知，随着拉伸的进行，光单元和海底电缆的应变分布都在增加；海底电缆塑料护套的应变分布均匀；光单元的应变分布不均匀，距离拉伸位置越近，海底电缆变形越严重，光单元滑移量越大，绞合角度增加越多，光单元产生的应变越大；距离越远产生的应变越小；这可以作为机械故障定位的依据。

对塑料护套和光单元在 3～8m 范围内的应变进行平均，利用最小二乘法进行线性拟合，结果如图 4 - 23 和式（4 - 43）所示。

$$\varepsilon_{Lg} = 0.7728\varepsilon_L - 0.0009 \qquad (4 - 43)$$

式中，ε_{Lg} 和 ε_L 分别为光单元和海底电缆的应变，拟合确定系数 0.998，标准差 0.0007。

由图 4 - 23（a）可见，海底电缆和光单元之间存在良好的线性应变关系，海底电缆中光单元的绞合结构适合于分布式光纤传感技术测量应变，可以通过测

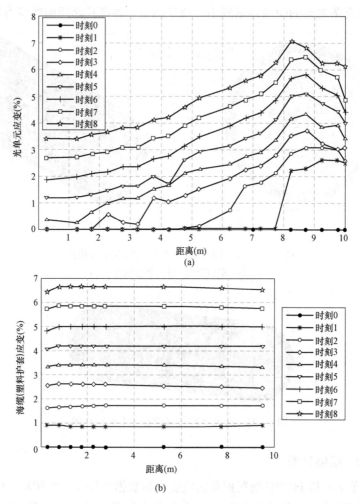

图 4 - 22　海底电缆应变分布

（a）光单元应变分布；（b）海底电缆塑料护套应变分布

量光单元的应变计算出海底电缆的应变，进一步监测海底电缆的运行状态。根据拟合方程可以发现，线性方程一次系数小于 1，说明光单元应变小于海底电缆应变，常数项小于 0，说明海底电缆拉伸开始阶段会消耗光纤余长，绞合结构设计可以对光单元有一定的保护作用。

由图 4 - 23（b）可见，海底电缆应变与光单元应变关系的有限元计算结果曲线和理论曲线接近，证明了光单元与海底电缆应变关系理论公式的正确性。但是，在曲线中间部分，有限元计算结果与理论值存在相对较大的差距。这是因为理论模型中假设海底电缆各层之间不产生相对滑动，而实际拉伸过程中，绞合层与 HDPE 护套之间发生相对滑动，随着绞合层的径向收缩，绞合层与 HDPE 护套之

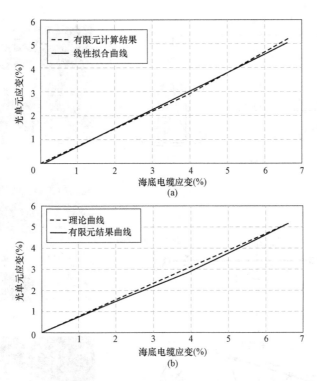

图4-23　海底电缆与光单元应变的理论曲线与有限元计算曲线对比

(a) 海底电缆与光单元应变拟合曲线；(b) 理论曲线与有限元计算曲线

间的摩擦力增加，相对滑动逐渐减小，理论曲线与仿真曲线又开始趋于一致。

4.6　海底电缆力学试验

4.6.1　试验布置

根据 CIGRE 海底电缆机械试验内容布置试验环境，分别选用上海某电缆有限公司的卷绕试验装置、直线拉伸试验装置和张力弯曲试验装置进行试验，各装置、海底电缆和测量设备如图4-24所示。卷绕试验装置中两个缆缸的内径分别为 5m 和 6m，缆缸间距 15.2m，海底电缆从一个缆缸中吊起通过自己上方的定滑轮和另一缆缸上方的定滑轮进入另一个缆缸，定滑轮距地高度 16m，两定滑轮间距 20.7m。直线拉伸装置和张力弯曲装置的最大张力均为 30kN，张力弯曲装置的鼓轮直径为 6m。海底电缆使用 YJQ41 型 110kV 单芯光纤复合海底电缆，卷绕试验缆长 200m，直线拉伸和张力弯曲试验缆长 30m。利用张力计测量海底电缆承受的张力，用 BOTDR 和 ROTDR 测量海底电缆内复合光纤的应变和温度。

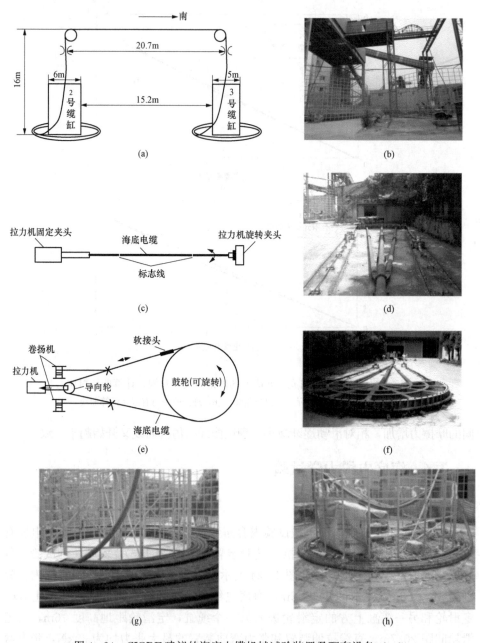

图 4 - 24　CIGRE 建议的海底电缆机械试验装置及配套设备（一）

（a）卷绕试验装置；（b）卷绕试验装置；（c）直线拉伸试验装置；

（d）直线拉伸试验装置；（e）张力弯曲试验装置；（f）张力弯曲试验装置；

（g）6m 直径缆缸内的海底电缆；（h）5m 直径缆缸内的海底电缆

（i）　　　　　　　　　　　　（j）

图 4 - 24　CIGRE 建议的海底电缆机械试验装置及配套设备（二）

（i）张力计和传感光纤引出跳线；（j）BOTDR 和 ROTDR 测量设备

4.6.2　试验内容与结果分析

1. 卷绕试验

卷绕试验按圈进行，每卷绕一圈测量一次应变。先从 5m 直径缆缸倒入 6m 直径缆缸，再从 6m 直径缆缸倒回 5m 直径缆缸。利用式（4 - 41）、式（4 - 42）可计算出光单元不发生移位时，5m 和 6m 直径缆缸上光单元的最大应变分别是 1.83% 和 2.20%，去掉光纤 0.5% 余长的影响，光纤的最大应变应为 1.33% 和 1.70%。实际测量的光纤应变分布如图 4 - 25 所示，图中 30m 前是光纤跳线。由图可见，实际光纤没有产生应变，说明无测压且卷绕直径较大情况下，光单元在海底电缆内部径向可自由收缩，卷绕未能导致光纤产生应变，与理论分析结果一致。由于试验条件限制，未能进行小直径、施加侧压的卷绕试验，拟在后续研究中进行。

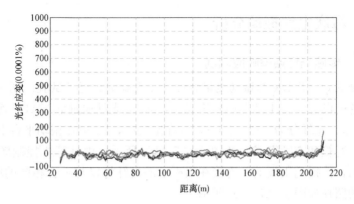

图 4 - 25　卷绕试验中光纤的应变分布

2. 直线拉伸和张力弯曲试验

限于试验装置输出功率的限制，施加的最大张力为 30kN，分别施加 10、20、30kN 三个张力点，每个点施加 15min 后，测量其稳定的应变分布如图 4-26 所示。

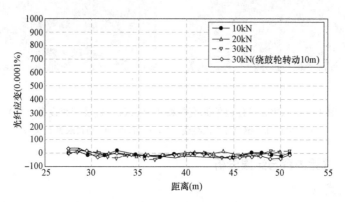

图 4-26 直线拉伸和张力弯曲试验中光纤的应变分布

由图可见，30kN 以内的张力不足以让光纤产生应变，这是由于小于 30kN 的张力未能将光纤余长和光单元绞合结构带来的结构余长消耗完。试验结果说明了有限元计算结果所得拟合方程中常数项为负数的原因，即海底电缆在承受一定的张力之后，光单元及内部光纤才会承受张力。30kN 是海底电缆敷设施工要求的张力上限，海底电缆厂家将光单元设计成绞合结构就是为了保证施工中光纤不受应变，以保护光纤。但是，施加更大的张力必然会引起光纤应变的产生，相关试验拟在后续研究中进行。

4.7 海底电缆振动分析

4.7.1 传感光纤频率响应测试

为了测试 φ-OTDR 的振动测量特性，在实验室进行了试验。图 4-27 显示了测试系统的设置。图 4-27（a）为光路，665m 光纤通过 FC/APC 连接器连接到 φ-OTDR。光纤分为 3 段。L1 和 L3 在空气中，L2 放在振动平台上。振动平台由铝板、音箱和方管组成，如图 4-27（b）所示。由计算机控制频率的声音从音箱发出，传播到铝板上。连接在铝板上的光纤将以与声音相同的频率振动。系统设置的照片如图 4-27（c）所示。

控制声音频率为 200Hz，持续 25s，可以得到如图 4-28（a）所示的时域振动信号。PD 检测到的信号在整体上波动缓慢，但在细节上波动迅速。在上图中找不到有用的信息。将时域信号用 FFT 变换到频域，得到幅频廓图如图 4-28（b）所

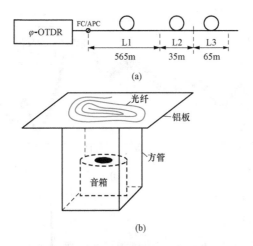

(a)

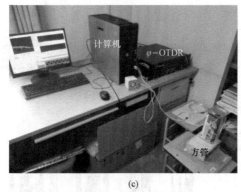

(b)

(c)

图 4 - 27　振动测试系统

（a）振动测试光路；（b）振动平台；（c）测试系统照片

示。显然，出现了一个 200Hz 的频率分量，它等于声音的频率。在相同的方法中，同时对音箱施加多个频率。30、100、200、400、600、800Hz 混合频率信号下的 FFT 廓图如图 4 - 28（c）所示。可以看到 φ - OTDR 可以测量不同的振动频率分量，最高可达 800Hz。

4.7.2　海底电缆锚损现场测试

1. 锚损系统设置

锚损试验在两个岛屿之间铺设的 35kV 三芯海底电缆工程现场进行。电缆长度约 3.2km，海缆结构如图 4 - 29 所示。海缆的主要组成部分是阻水铜导体、交联聚乙烯绝缘、铅合金护套、填料、光纤单元、钢丝铠装。传感光纤为单模光纤，松散地布放在光纤单元中。

锚损测量系统由 φ - OTDR、传感光纤和主机监测器组成，如图 4 - 30 所示。

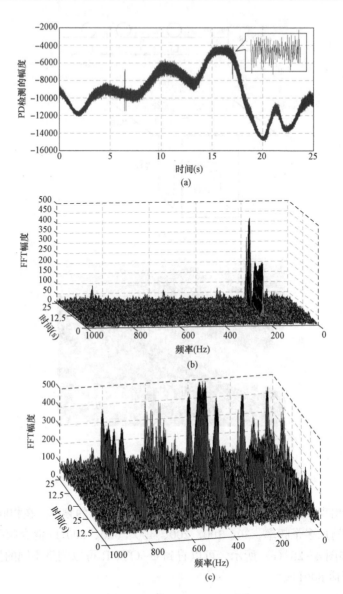

图 4 - 28　时域和频域内的信号
（a）光电检测器输出的时域信号；（b）时域信号的 FFT 谱；
（c）混合频率信号的 FFT 谱

φ - OTDR 和主机放置在海缆起始端监控室。主机监视器是一台计算机，监视器程序在其中运行。用于模拟锚损的货船长 38m，这艘船的载重量是 550t，锚的重量为 1000kg，船锚照片如图 4 - 31（a）所示。AIS（自动识别系统）用于船舶定位和跟踪控制，AIS 界面及轨迹控制点如图 4 - 31（b）所示。这艘船将在 A1 -

A2、B1 - B2 和 C1 - C2 之间航行。

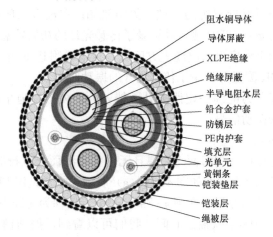

阻水铜导体
导体屏蔽
XLPE绝缘
绝缘屏蔽
半导电阻水层
铅合金护套
防锈层
PE内护套
填充层
光单元
黄铜条
铠装垫层
铠装层
绳被层

图 4 - 29　三芯海缆结构图

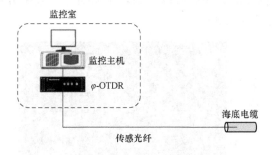

监控室
监控主机
φ-OTDR
海底电缆
传感光纤

图 4 - 30　锚损测量系统

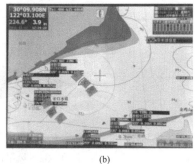

(a)　　　　　　　　　　　　　　(b)

图 4 - 31　船、锚和 AIS 的照片

（a）船和锚的照片；（b）AIS 接口和跟踪控制点

2. 锚杆损伤试验规程

（1）将船舶驶至靠近岸边的区域，关闭船舶。在没有船舶在海底电缆上方运行的时刻，使用 φ-OTDR 测量并记录了传感光纤的初始轮廓。

（2）驱动船舶至海底电力电缆上方区域，在电缆附近下锚，模拟下锚故障。同时，用 φ-OTDR 测量并记录了传感光纤的振动曲线。

（3）在离海底电力电缆一定距离处下锚，为了模拟锚拖事件，将船锚拖过锚索，测量并记录振动信号。

3. 测量数据分析

（1）静海数据分析。当海面无风浪且无船舶在海面上航行时，φ-OTDR 测得的振动信号能量-时空剖面如图 4-32（a）所示。能量是用 FFT（快速傅里叶变换）计算的系数的均方根。在图 4-32（a）中，横轴为光纤中的采样数，相邻两点之间的距离为 10m。纵轴是时间。我们可以看到，振动信号非常微弱，在空间和时间上没有变化。图 4-32（b）为 40 号采样点震极谱三维剖面图。用 2048 点 FFT 计算幅度谱。我们可以看到，振动信号的频率分量小于 20Hz，幅度较小，可以认为是背景噪声。

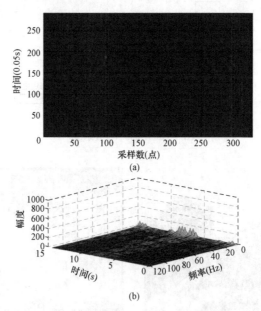

图 4-32　风平浪静下的测量曲线

（a）能量数据时空图；（b）FFT 幅度谱-时间曲线

（2）锚砸数据分析。将船开到电缆上方距离电缆始端 400m 的地方。海的深度是 13.5m。把锚放在海面下并松开，锚将以自由落体的方式沉到海底。锚在海床上撞击时，会产生机械振动。如图 4-33（a）所示，振动将被传递到索上并沿索传播。白圈的能量非常高，即锚击位置。同时，振动沿着缆绳传播，因此在白色圆圈的两侧也可以看到增加的能量。图 4-33（b）为 40 号采样点震极谱三维剖面图。在 4～5s 的时间内，我们可以看到低频分量有较大的幅度增加。同时，0～120Hz 的幅值从低频到高频逐渐减小。此外，除了锚落振动信号外，还有其他振动信号，这些信号是由潮汐波产生的。这些振动信号可以看作是背景噪声，对锚降信号的识别有一定的干扰。

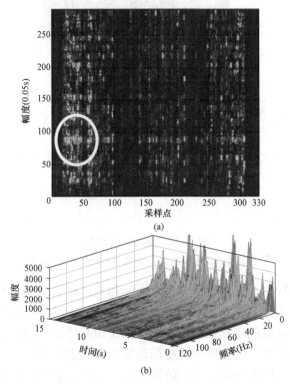

图 4-33　锚砸测量结果
（a）能量的时空曲线；（b）FFT 谱随时间变化的曲线

　　（3）拖锚数据分析。在距电缆 50m 的地方下锚，拖动锚沿与电缆走线垂直的方向通过电缆。φ-OTDR 测量振动信号如图 4-34 所示。在图 4-34（a）中，白色圆圈内的强信号是锚通过锚索时锚与海底摩擦产生的。船舶螺旋桨和电机产生的强振动信号前后存在相对较弱的振动信号。图 4-34（b）为 40 号采样点震极谱三维剖面图。我们可以看到，幅值和频率分量在 6～10s 内增加。频率覆盖范围为 0～60Hz。

　　本节测试了 φ-OTDR 的频率测量范围为 0～800Hz，可以满足海底电力电缆中光纤振动传感的要求。模拟了船的锚砸和钩挂事件，得到了平静海、锚砸

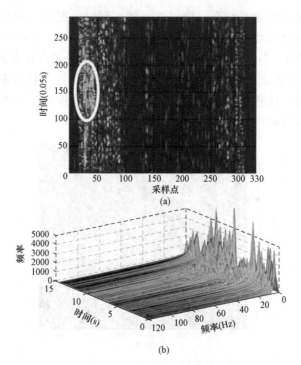

图 4-34 拖锚测量结果

（a）能量的时空曲线；（b）FFT 谱随时间变化的曲线

和钩挂时的振动数据。根据数据分析，锚砸和钩挂在能量和频率上的幅值分布存在差异，根据差异可以识别故障。同时，锚砸在短时间内对海缆造成威胁，拖锚在长时间内对海缆造成拖曳。由于拖锚是由船舶驱动的，而船舶出航通常较慢。在实际操作中，应根据信号特征识别故障类型。另外，根据光纤定位和海底电缆走线，可以得到故障发生的经纬度。AIS 系统可以识别船舶对电缆的威胁，并通过船用对讲机进行联系，避免故障进一步恶化。

本章小结

本章从电热学和力学两个方面对海底电缆状态监测技术进行了理论、建模和试验研究，给出了海底电缆热路模型、有限元模型、应变理论模型、力学有限元模型和试验、振动测试和分析等具体技术的实施方法，为利用光纤传感技术获取海底电缆本体的状态信息提供了理论、建模和试验参考。

第 5 章

海底电缆电热与机械故障的建模与试验

5.1 海底电缆短路与漏电故障分析

单芯海底电缆的常见电气故障包括漏电和接地短路。漏电一般由局放引起，局放越严重，漏电流越大；局放发展到一定程度会导致绝缘击穿，导体会经过过渡电阻与两端接地的铅合金护套短路，产生巨大的接地电流，损毁甚至烧断海底电缆。对以上电气故障进行建模和分析，可以获得故障发生时海底电缆及光纤的温度分布和变化规律，为故障报警、诊断和定位提供依据。

5.1.1 接地短路故障建模与分析

1. 有限元模型构建

接地短路有限元模型的构建过程与前面介绍的稳态热力学模型类似，因此，本节仅针对关键细节进行介绍。接地短路有限元模型旨在获取故障发生时海底电缆和光纤的温度分布和时变规律，对求解精度要求不高，因此可将对计算精度影响不大的绞合结构进行简化，即将 PET 填充条和钢丝铠装层都简化为圆环体，忽略其绞合结构。

短路时，导体、铅合金护套、钢丝铠装中产生瞬时大电流，同时伴随温度快速升高，为了模拟此过程，采用 SOLID69 单元电热耦合单元；其他层中没有电流，均采用 SOLID90 热传导单元。为了获取完整的温度分布信息，建立 10m 长的海底电缆，同时以海底电缆为中心，在周围建立长宽均为 4m 的正方体土壤。接地短路故障时，短路电流由导体经接触电阻、过渡电阻进入铅合金护套。建立几何模型时，先将海底电缆划分为 480、40、480mm 三段，然后在 40mm 段上利用布尔运算方法抠掉导体外表面至钢丝铠装内表面之间 45°的扇形体，最后用等体积的扇形体代替抠掉的体积，并通过设置其电导率改变其电阻值。模型中海底电缆的长度远大于其直径导致该几何结构的最长边与最短边比值较大，为了提高计算经济性，网格划分采用扫略方式。最后，建好的有限元模型效果图如图 5-1 所示。

模型中下边界土壤是深层土壤，温度保持不变，设置为第一类边界条件；左右边界土壤水平方向温度一致，法向热流密度为 0，设置为第二类边界条件；上

83

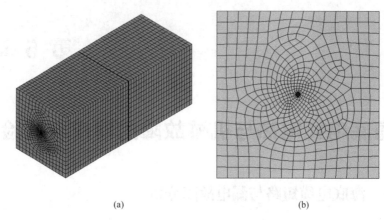

(a)   (b)

图 5-1　接地短路故障有限元网格划分效果图
(a) 整体效果图；(b) 截面效果图

边界是海床与海水接触面，固体与液体之间存在对流换热，设置为第三类边界条件。取 4 月海水温度 20℃，认为深层土壤温度与海水温度近似相等，共同作为环境温度；土壤与海水的对流换热系数设为 200W/m²。将海底电缆技术协议中短路电流值的 80% 设置为模型的电流载荷；在铜导体一端加载接地电流载荷，在铅合金护套两端加载零电位点载荷；根据现场继电保护时间一般为 0.35～0.6s，设定接地短路时间为 0.5s。

2. 数值求解与分析

求解电热耦合模型，观察海底电缆温度分布情况，如图 5-2 所示。由图可见，短路点温度最高，短路释放的热量向周围传导，导致周围温度升高。

提取接地短路故障发生 40min 后光纤上的温度分布数据如图 5-3 所示。由图可见，海底电缆接地短路故障发生后，故障点的温度高于两侧的温度；流经导体和铅合金护套的短路电流使靠近电源侧（左侧）的光纤温度上升较多；另一侧海底电缆中导体上没有电流，只有铅合金护套上有电流，因此温度上升相对较少；这导致故障点两侧光纤上产生了 2℃ 的温差。而且，随着时间的推移，短路热量继续扩散会导致温差的增大，这一特点可作为接地短路故障的判据。

5.1.2 漏电故障建模与分析

1. 漏电故障理论分析

海底电缆长期工作于海底，虽然有铅合金护套做防水保护，但长期浸泡不可避免地会渗入潮气，加上 XLPE 绝缘在高压电场和导体高温的作用下，不可避免地会出现水树；另外，由于生产工艺的影响，绝缘中可能会存在气隙和杂质；以上因素都可能导致绝缘中出现局部放电现象，从而在局部出现漏电故障。由于电、热、化学相互作用是一个正反馈过程，因此，漏电一旦出现会越来

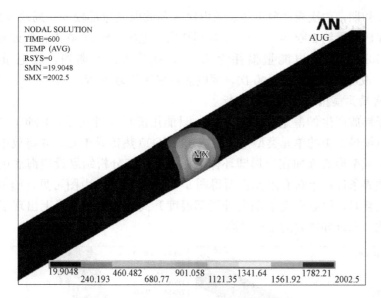

图 5-2 海底电缆接地短路故障求解效果图

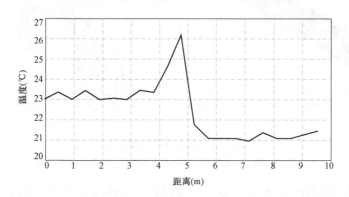

图 5-3 接地短路故障发生 40min 后光单元温度分布图

严重，直至绝缘击穿，引发事故。如果能够在击穿前提前发现漏电位置，并判断漏电程度，则可以为电力生产部门组织停电检修提供信息支撑，避免故障抢修的被动局面出现，减少或避免社会、经济损失。

漏电故障是短路故障的前期表现形式，因此，其有限元几何模型与短路故障模型一致。漏电的主要形式为局放，是绝缘介质老化的原因之一。目前，用放电能量衡量局放，放电能量的大小与介质的老化程度有关。一次放电的能量损耗为

$$W = Q \times N \times U / 2 \tag{5-1}$$

式中：Q 是局放的单次视在放电量；N 是单位时间内的放电次数；U 是局放的起始放电电压。

局放初期，单次视在放电量、放电次数和放电能量都较少；局放发展阶段，单次视在放电量约 1000pC，一个工频周期内放电次数约 3000 次，假设起始放电电压为 50kV，则放电能量损耗为 7.5W；在临近击穿阶段，放电量可达到 2000pC，放电次数达到 10000 次，放电能量损耗约为 25W。

2. 有限元模型构建求解与分析

由于局放产生的漏电流不易测量，只能用能量损耗衡量，因此，将 5.2.1 中海底电缆模型中的单元类型都设置成 SOLID90 热传导单元，并将放电能量损耗以热生成率形式施加在扇形圆环体上；根据稳态分析结果设定海底电缆初始温度和边界条件；求解有限元模型得图 5 - 4 所示结果。由图可见，施加 2W 放电能量损耗时，海底电缆上漏电处局部温度升高，劣化的绝缘上出现了温度的梯度变化，靠近导体处的温度最高。

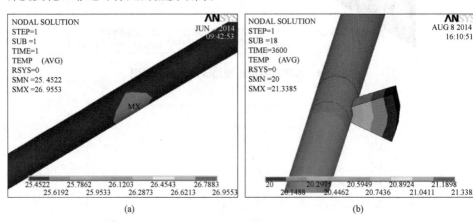

(a)　　　　　　　　　　　　　　(b)

图 5 - 4　漏电模型求解结果

(a) 海底电缆整体效果图；(b) 导体和绝缘劣化部分的效果图

对绝缘劣化处施加 25W 的放电能量损耗，求解稳态模型，从结果中提取光单元上的温度分布如图 5 - 5 所示。

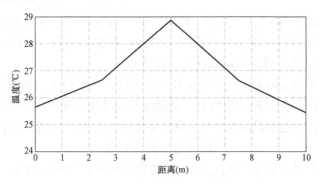

图 5 - 5　漏电故障时光单元上的温度分布

由图可见，漏电处的温度最高，向两侧温度呈递减趋势，温升区域宽度约4m，温升幅度约 3℃。这一特点可作为漏电故障的判据。

5.2　海底电缆锚害故障建模与试验

据报道，锚害占海底电缆机械故障的 80％以上。严重锚害事故可导致断路、短路或接地故障，一般能够及时发现；而轻度损伤不能立即显现，极具隐蔽性，往往会随着时间的推移演变成渗水漏电、接地等故障，造成严重后果。因此，有必要对海底电缆进行实时监测并判断锚害程度。本章将建立海底电缆的锚害有限元模型，分析锚害时海底电缆和光纤的应变分布规律，为锚害故障的诊断提供理论支持。

5.2.1　海底电缆锚害有限元建模

1. 几何模型构建

采用 YJQ41 型 110kV 光纤复合海底电缆作为锚害建模的研究对象。海底电缆结构复杂，对其每一层都进行建模会导致计算量过大、计算时间过长。由于海底电缆中导体屏蔽、绝缘屏蔽、阻水带和沥青防腐层的厚度均不足海底电缆直径的 1％，且非刚性材料，在碰撞过程中起到的保护作用小，故对其做省略处理。简化前后的海底电缆各层尺寸对比如表 5 - 1 所示。

表 5 - 1　　　　　　　　　　海底电缆几何尺寸参数

结构	厚度（cm）		计算外径（cm）	
	简化前	简化后	简化前	简化后
铜导体和导体包带	1.04	1.04	2.08	2.08
导体屏蔽	0.1	—	2.28	—
XLPE 绝缘	1.85	1.85	5.98	5.78
绝缘屏蔽	0.1	—	6.18	—
阻水带	0.2	—	6.43	—
铅合金护套	0.4	0.4	7.23	6.58
沥青防腐层	0.025	—	7.26	—
HDPE 塑料护套	0.48	0.48	8.22	7.54
黄铜带、光单元（2 根）、PET 填充条	0.6	0.6	9.42	8.74
钢丝铠装层	0.6	0.6	10.68	9.94
外被层	0.4	0.4	11.48	10.74

锚害过程中，铠装层和聚对苯二甲酸乙二醇酯（Poly Ethylene Terephthalate，PET）填充条起主要保护作用，它们以一定的节距绞合在 HDPE 塑料护套外面，呈复杂的空间结构，不是规则的几何体，建模复杂。本书提出扫略螺旋线生成体的思路，通过点、线、面、体的步骤生成绞合钢丝、光单元和 PET 填充条，组成铠装层和 PET 填充层。船锚的质量和锚缆接触面积对锚害程度有影响，又因为船锚质地坚硬，锚害时不会发生形变，为减少计算时间，将船锚简化为梯形体。

2. 有限元模型设置

有限元模型参数的设置决定了仿真的准确性和计算时间。有限元仿真中的积分运算占据了大量的计算时间，其中单点积分的计算效率是全积分的 8 倍。因为海底电缆内铜导体、XLPE 绝缘、铅合金护套、HDPE 护套、黄铜带、光单元、PET 填充条、钢丝铠装层和船锚都属于三维实体，所以本书对以上实体选用支持所有非线性特性和单点积分的 8 节点三维实体单元 SOLID164，以兼顾仿真准确性和计算速度。海底电缆的绳被层和外被层厚度小，本书选用 SHELL163 薄壳单元，以减少由于使用单点积分而产生的沙漏能。

海底电缆结构中的铜导体、铅合金护套、黄铜带和铠装层由于存在材料非线性问题，使用 ANSYS/LS‐DYNA 中提供的双线性随动强化（BKIN）材料模型，使用弹性斜率和塑性斜率两个直线段模拟弹塑性材料的本构方程。海底电缆的其他结构组件使用线弹性材料模型，其应力和应变满足胡克定律，且计算速度快。另外，船锚采用钢体材料，以保证它在接触和受力时不产生变形，这样可将计算速度提高近 30%。

本书依据拓扑正确性、几何保持、特性一致、单元性状优良等原则进行网格划分，网格划分效果如图 5‐6 所示。

3. 接触定义与载荷施加

船锚对海底电缆的主要损伤方式为撞击和钩挂，撞击时，海底电缆受力由上至下，经过接触、拖动和挤压过程，受力时间较短；钩挂时，海底电缆受力由下至上，同样经过以上过程，但受力时间相对较长。海底电缆

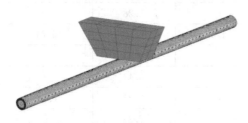

图 5‐6　有限元网格划分效果

埋设在海床下 2m，海床淤泥质地稀软，所以两种情况下海底电缆和船锚所受阻力近似相等，两种损伤方式可以合并为一种进行仿真。本书研究的光纤复合海底电缆敷设海域最大水深为 25m，根据水域案例和浅海船锚使用情况，实验船锚选取 660kg 规格的霍尔锚。

接触定义的准确性决定了仿真的精度。锚害过程中，海底电缆的外表面会与内层及船锚外表面接触，受力增大到一定程度时会产生穿透，因此，本书根

据对称罚函数法在接触面之间引入界面接触力，使用单面接触类型。又因为锚害过程中同时存在刚体与变形体及变形体之间的接触，接触方向判断困难，所以采用计算机自动识别方式，这是在人工无法准确判断接触集合时最有效的方法。

锚害发生位置附近一定长度的海底电缆会产生位移，而更远距离处的海底电缆无位移。因此，对海底电缆两端截面上的节点施加约束，使其位置固定，让海底电缆的其他部分随锚害发生变形与移动，模拟锚害的实际情况。另外，海底电缆敷设于海床下 2m 的淤泥中，自身重力和洋流的影响平均分布于海底电缆全长上，由于锚害仅作用于海底电缆局部，海底电缆的应力、应变变化也仅产生于局部，所以仿真时忽略自重和洋流的影响。

4. 有限元模型评价

利用建立的模型进行锚害数值求解，得到海底电缆在锚害后的位移云图如图 5-7 所示。由图可见，锚害过程中，船锚拖动并挤压海底电缆，海底电缆在船锚接触位置处位移最大，海底电缆位移量与施加的船锚载荷位移量一致。

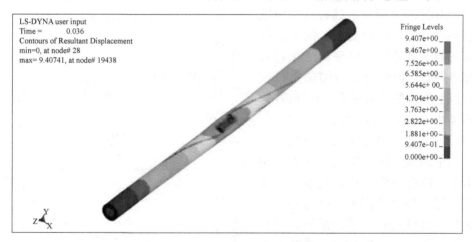

图 5-7　接触过程中的位移变化

沙漏能是衡量仿真正确性的重要指标，准确的仿真应保证沙漏能不超过内能的 10%。为了减少计算时间，本书采用了单点积分，将仿真时间缩短了 80%，但同时也导致了沙漏能的产生。本书求解结果的内能与沙漏能变化如图 5-8 所示。由图可见，沙漏能被控制在内能的 1.6% 以内，保证了计算的准确性。

5. 结果分析

海底电缆直径大，两根光单元在海底电缆内部成螺旋绞合状，海底电缆轴向不同位置处，光单元处于海底电缆横截面圆周的不同位置上，因此，锚害时船锚与海底电缆的接触点与光单元在海底电缆横截面圆周上的相对位置是随机

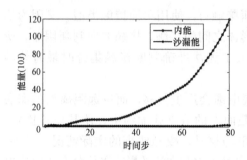

图 5-8　内能/沙漏能-时间曲线

的。为了保证仿真的全面性，需考虑船锚从不同角度接触海底电缆的情况。本书以 30°为步进，进行了 12 组仿真。

　　铠装层主要起保护海底电缆的作用，铠装层失效将导致海底电缆的损坏，因此本书根据铠装层损伤判断海底电缆的机械损伤。目前有 4 种强度理论可描述材料的失效情况，其中，形状改变比能理论以 Von Mises 应力为依据，最适合于钢、铜、铝等塑性金属材料。本书利用铠装层应力判断铠装层损伤情况，进而判断锚害程度。绘制船锚从 12 个不同方向接触海底电缆时，铠装层应力和光纤应变随时间变化的曲线，如图 5-9 所示。使用 K-means 算法计算曲线聚类中心，如图中星状曲线所示。该聚类中心与各曲线的误差平方和最小，能够反映各方向接触时应力和应变随时间变化的整体趋势。

　　由图 5-9 可知，锚害过程中铠装层应力和光纤应变在不同接触角度时幅度有差异，但整体变化趋势基本一致，说明海底电缆锚害过程中以上两个参量的变化是有规律的，聚类中心曲线可以描述锚害过程。铠装层应力经过了上升、保持、上升三个阶段。第一阶段，锚害刚刚开始，铠装层应力逐渐增加，铠装钢丝处于弹性范围内，应力随时间近似呈线性变化；第二阶段，铠装层应力超过了屈服应力，铠装产生了塑性应变，海底电缆内层结构产生位移，铠装钢丝变得相对松散，应力下降；第三阶段，锚害的加剧使铠装钢丝再次拉紧受力，应力再次线性增加。仿真数据与材料的弹塑性理论相符。光纤是弹性材料，

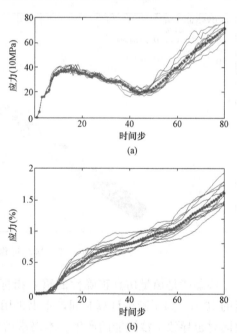

图 5-9　铠装层应力和光纤应变随时间的变化
(a) 铠装层应力-时间曲线；(b) 光纤应变-时间曲线

光纤应变随锚害程度的加剧增加。相对于铠装的变化过程，第一阶段，光纤余长导致应变基本不变；第二阶段，光单元受力变长消耗了光纤余长，光纤应变开始增加，此后一直上升。可以利用光纤应变变化描述海底电缆锚害过程。

5.2.2　海底电缆模型锚害试验

海底电缆体积和重量大，进行实体锚害试验困难，目前国内海底电缆厂家和研究院所都不具备试验条件。由于本书研究的是海底电缆内复合光纤的应变随海底电缆锚害的变化情况，进而反映海底电缆的锚害程度，所以可用海底电缆模型试验验证光纤应变仿真结果的正确性。

本书用塑胶圆管代替海底电缆光单元以内的海底电缆本体，根据实际海底电缆的直径，按比例将裸光纤以一定节距绞合缠绕于塑胶圆管外壁，沿光纤轴向用胶带固定光纤于圆管外壁，避免锚害时光纤产生不符合实际的轴向移位，同时起到保护光纤的作用，实物照片如图 5-10 所示。将海底电缆模型两端固定，从中间施加外力模拟锚害故障，用 BOTDR 监测光纤上的应变变化，测量的应变曲线如图 5-11 所示。图 5-11（a）是 BOTDR 测量的光纤应变分布曲线。由图可见，由于往塑胶圆管上缠绕光纤时，对光纤施加了一定的预应力，所以光纤的初始应变不为零。随着船锚拖动海底电缆位移的增加，海底电缆模型上光纤的应变成上升趋势。将海底电缆模型上光纤的应变在长度上取平均，画出它随锚害位移增加的变化曲线如图 5-11（b）所示。由图可见，随着位移的增加，光纤应变先增加，而后增幅变缓，之后增幅又上升，此变化趋势与有限元计算结果一致，证明了有限元模型的正确性。

图 5-10　海底电缆模型照片

5.2.3　海底电缆锚害过程的函数表示与分级

1. 海底电缆锚害过程的函数表示

为了能通过光纤应变反映海底电缆的锚害过程，为基于光纤传感的海底电缆状态监测提供理论支持，本书分别将光纤应变、铠装层应力和铠装层塑性应变的 K-means 聚类结果按照各自最大值做归一化处理，发现在铠装层应力变化过程中存在四个关键点，分别记为 T_1、T_2、T_3 和 T_4，如图 5-12 所示。

$0 \sim T_1$ 过程中，船锚接触并拖动海底电缆，铠装层承受的应力处于弹性范围之内成线性增加，还没有发生塑性应变；此过程中，铠装层对光单元具有一定的保护作用，加之光纤余长的存在，导致光纤应变增加很少；在 T_1 时刻，铠装

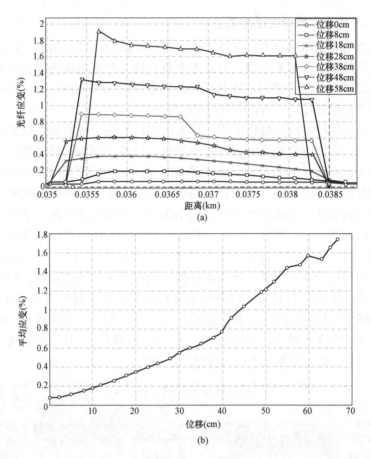

图 5 - 11　不同锚害位移下的光纤应变变化

（a）不同锚害位移下的光纤应变分布；（b）光纤平均应变随锚害位移的变化

层应力达到屈服应力，铠装层开始产生不可恢复的塑性应变。$T_1 \sim T_2$ 过程中，铠装层应力和塑性应变随着锚害程度加剧而增加，达到峰值后进入保持状态；铠装层挤压光单元，光纤应变在光纤余长消耗完后大幅上升；在 T_2 时刻，铠装层变形后进入强化阶段。$T_2 \sim T_3$ 过程中，船锚挤压导致海底电缆横截面变扁，铠装层结构变松散，铠装钢丝长度相对增加，铠装层应力呈下降趋势；铠装层塑性应变保持不变；光纤应变增加速度变缓；在 T_3 时刻铠装层应力下降至最低值。$T_3 \sim T_4$ 过程中，锚害程度加剧使进入强化阶段的铠装层再次产生应变，应力增加，但强化导致上升趋势较 $0 \sim T_1$ 时段变缓；塑性应变仍保持不变；光纤应变上升速度比上一阶段有所增加；在 T_4 时刻，铠装层应力再次增加到新的屈服应力数值，产生第二次塑性应变，即发生更严重的变形。T_4 时刻之后，铠装层应力和塑性应变、光纤应变都快速上升，达到顶点后铠装层钢丝进入材料强

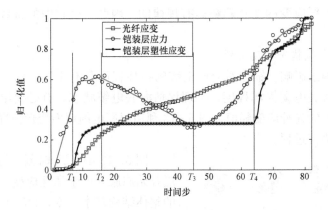

图 5 - 12　归一化的光纤应变/铠装层应力/铠装层
塑性应变-时间曲线及拟合结果

度极限，发生断裂，光纤也会断裂。分别将不同时段的铠装层应力和光纤应变
对时间步拟合得出拟合结果如式（5 - 2）、式（5 - 3）所示。

$$
s(t) = \begin{cases}
0.071t - 0.052, & 0 \leqslant t < T_1, \text{RMSE} = 0.045 \\
-0.00025t^4 + 0.012t^3 - 0.223t^2 + 1.77t - 4.637, & T_1 \leqslant t < T_2, \text{RMSE} = 0.016 \\
-0.011t + 0.790, & T_2 \leqslant t < T_3, \text{RMSE} = 0.019 \\
0.00081t^2 - 0.07t + 1.783, & T_3 \leqslant t < T_4, \text{RMSE} = 0.016 \\
-0.0011t^2 + 0.181t - 6.316, & t \geqslant T_4, \text{RMSE} = 0.027
\end{cases}
$$

$$(5 - 2)$$

式中：$s(t)$ 是铠装层应力；t 是时间；RMSE 是铠装层应力的拟合均方根
误差。

$$
f(t) = \begin{cases}
0.0011t^2 - 0.0051t + 0.0067, & 0 \leqslant t < T_1, \text{RMSE} = 0.0025 \\
0.0256t - 0.149, & T_1 \leqslant t < T_2, \text{RMSE} = 0.0049 \\
-0.002t^2 + 0.021t - 0.038, & T_2 \leqslant t < T_3, \text{RMSE} = 0.0058 \\
0.00018t^2 - 0.011t + 0.64, & T_3 \leqslant t < T_4, \text{RMSE} = 0.0061 \\
0.015t - 0.36, & t \geqslant T_4, \text{RMSE} = 0.0058
\end{cases}
$$

$$(5 - 3)$$

式中：$f(t)$ 是光纤应变；t 是时间，RMSE 为光纤应变的拟合均方根误差。

　　实际运行的海底电缆敷设于海床上或海床下的淤泥中，受洋流、潮汐、岩
石摩擦、海床坡度变化等多种因素影响，导致铠装层沿海底电缆轴向的应力分
布是变化的，但这些因素的影响相对于锚害而言是大时间尺度的，即在锚害发
生的时间内，可以认为以上因素的影响是固定不变的，相当于海底电缆上某一
点处的铠装应力在锚害前有一个初始值，初始值可能是变化的，但锚害过程中

铠装应力和光纤应变的变化趋势是有规律的。因此，公式中的常数项可根据实际情况修正。

2. 海底电缆锚害程度分级

受多种因素影响，锚害对海底电缆的损坏程度各有不同。为了能够利用光纤应变反映海底电缆损坏程度，合理评估海底电缆状态，有必要给出表征海底电缆损坏程度的光纤应变阈值。图 5-13 利用海底电缆截面变形情况直观展示了海底电缆的锚害过程。

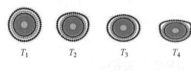

T_1 T_2 T_3 T_4

图 5-13　海底电缆截面变化

图 5-13 中，T_1 时刻，海底电缆铠装层开始屈服并产生塑性应变，但海底电缆的整体结构基本不变，HDPE 护套以内形状基本保持，海底电缆仍能正常运行，此时光纤应变处于 0.12%～0.14%范围，可以将光纤应变达到 0.12%作为判断海底电缆轻度损伤的阈值。T_2 时刻，铠装层发生了较大变形，内部结构在其保护下仍比较完整，但 HDPE 护套以内形状发生了变化，运行中可能发生局部放电，长期运行有可能导致漏电流的产生；此时，光纤应变增大至 0.35%～0.42%范围，可以将光纤应变达到 0.35%作为判断海底电缆中度损伤的阈值。T_4 时刻，海底电缆铠装和内部结构都产生了严重挤压变形，铠装层的保护作用接近极限，海底电缆不能正常运行；此时光纤应变约为 1.1%，可将此值作为判断海底电缆重度损伤的阈值。此后，随着锚害程度的加剧，海底电缆将产生更严重的扭曲变形，甚至有断裂的危险。

5.3　海底电缆涡激振动有限元建模与分析

海底电缆在区域电网互联、海上石油平台和海上风电场并网等领域发挥着重要作用。受洋流冲刷、沙坡移动等因素影响，埋设于海床下的海底电缆在海床质地较软处会出现裸露形成缆跨，即海底电缆与海床表面不直接接触的悬空段，长此以往会使缆跨产生涡激振动，甚至共振，使缆体出现机械损伤、疲劳断裂，导致海底电缆不能正常工作。我国舟山群岛附近海床多淤泥，此类故障时有发生。为了防止事故发生，有必要对海底电缆涡激共振时的振动特性进行分析，为工程监测和维修提供数据支撑和参考。

目前，国内外学者对海底电缆涡激共振的研究鲜有报道。涡激振动的相关研究主要集中在土木工程中的桥梁拉索和海洋工程中的立管。在桥梁拉索方面，风洞试验是桥梁涡激问题最为普遍的研究手段，主要从空气动力学角度出发，海底电缆的涡激振动主要受洋流作用的影响，二者的流体不同但具有相似性，桥梁涡激振动中的气流分离和尾流漩涡脱落可为海底电缆涡激振动提供参考。

海底电缆工作于海水中，受洋流作用发生涡激振动，从力学角度考虑属于流固耦合问题。目前，针对海底电缆流固耦合建模的研究很少。

本书采用流固耦合的方法对海底电缆涡激共振的力学特性进行计算和分析，克服实体试验难度大，且无法获得缆体内部结构力学数据的缺点；提出利用模型相似理论缩小缆体尺寸，得到涡激共振特性随长径比（悬跨长度与直径的比值）变化的规律，进行缆体疲劳分析，为基于振动传感的海底电缆涡激共振状态监测提供参考。

5.3.1　有限元模型的建立

1. 海底电缆结构与参数

目前，国际上使用的交联聚乙烯绝缘海底电力电缆的结构基本相似，本书的研究对象是 110kV 交联聚乙烯绝缘单芯海底电缆，结构如图 5 - 14 所示。导体采用纯度大于 99% 的铜丝；两根光单元在填充条层内呈现对称分布，从外到内依次为聚乙烯护套、钢管、8 根松弛状态的通信用普通单模光纤。海底电缆的各层尺寸如表 5 - 2 所示。

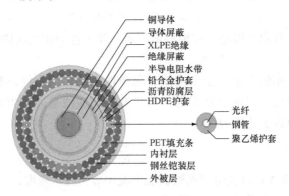

图 5 - 14　110kV 光纤复合海底电缆截面结构图

表 5 - 2　　　　　　　　电 缆 尺 寸 参 数

名称	厚度（cm）	外径（cm）
铜导体	1.1	2.2
导体屏蔽	0.12	2.44
XLPE 绝缘	1.31	5.06
绝缘屏蔽	0.1	5.26
缓冲阻水带	0.12	5.5
铅合金护套	0.48	6.49

名称	厚度（cm）	外径（cm）
沥青防腐层	0.015	6.52
HDPE 护套	0.315	7.15
PET（38 根，另含光单元 2 根）	0.63	8.41
内衬层	0.11	8.62
钢丝铠装（48 根）	0.63	9.895
外被层	0.55	11

2. 模型相似理论

海底电缆内部结构复杂，直接建模难以实现、计算量庞大。若能减小模型尺寸，则可大幅降低计算成本。根据模型相似理论，模型和原型的相似需满足几何学、动力学和运动学相似原则。海底电缆涡激振动涉及水动力学和结构动力学，而水弹性相似模型既能满足水动力相似又能满足结构动力学相似，正好适合海底电缆的建模。因此，针对海底电缆涡激共振工况，本书首次采用水弹性相似模型建立有限元模型，本模型需同时满足弹性力相似准则（Cauchy 准则）和重力相似准则（Froude 准则）。

（1）弹性力相似准则。定义惯性力和弹性力的比值为柯西数，模型与原型的弹性作用力相似，柯西数必相等，反之亦然，这便是弹性力相似准则，又称柯西准则。柯西数表达式为

$$Ca = \frac{\rho v^2}{K} \tag{5-4}$$

式中：Ca 为柯西数；海底电缆涡激共振工况中 ρ 为海水密度；v 为海水流速；K 为体积模量，是弹性模量中的一种。

（2）重力相似准则。定义惯性力和重力的比值为弗劳德数，模型与原型的重力作用力相似，弗劳德数必相等，反之亦然，这便是重力相似准则，又称弗劳德准则。弗劳德数表达式为

$$Fr = \frac{v}{\sqrt{gL}} \tag{5-5}$$

式中：Fr 为弗劳德数；海底电缆涡激共振工况中 v 为海水流速；g 为重力加速度；L 为海底电缆几何长度。

相似模型需要同时满足弹性力相似准则和重力相似准则，则需要满足如下表达式

$$\begin{cases} \dfrac{\rho_a \nu_a{}^2}{K_a} = \dfrac{\rho_b \nu_b{}^2}{K_b} \\[3mm] \dfrac{\nu_a}{\sqrt{g_a L_a}} = \dfrac{\nu_b}{\sqrt{g_b L_b}} \end{cases} \tag{5-6}$$

式中：下标 a 表示原型；b 表示相似模型。

海底电缆原型与有限元模型的密度相似比为 1:1，是由于自重荷载只能由材料自重满足，而非施加外力，即结构海底电缆密度比尺 $\lambda_{\rho s}=1$，海水密度比尺 $\lambda_{\rho f}=1$。重力加速度相似比 $\lambda_g=1$。定义 λ_L 为几何比尺，λ_E 为弹性模量比尺，根据式（5-6）有

$$\frac{\nu_a}{\nu_b} = \frac{\sqrt{g_a L_a}}{\sqrt{g_b L_b}} = \frac{\sqrt{L_a}}{\sqrt{L_b}} = \sqrt{\lambda_L} \tag{5-7}$$

$$\lambda_E = \frac{K_a}{K_b} = \frac{\rho_a \nu_a{}^2}{\rho_b \nu_b{}^2} = \frac{\nu_a{}^2}{\nu_b{}^2} = \lambda_L \tag{5-8}$$

另外，规定海底电缆的泊松比比尺 $\lambda_\mu=1$，海底电缆的时间比尺 $\lambda_{ts}=\sqrt{\lambda_L}$，海水的时间比尺 $\lambda_{tf}=\sqrt{\lambda_L}$。据此，可将海底电缆和海水原型按计算能力进行缩小。

（3）几何模型比尺和条件。根据工程经验和文献记载，海底电缆缆跨裸露初期长度一般在几米到十几米范围内，因此，本书分别对海底电缆长度 7.7、8.8、9.9、11m 和 12.1m，对应缆跨长径比为 70、80、90、100 和 110 的模型进行计算。

本书在保证真实性的前提下对缆体等效，采用 1.2 节所述理论，使结构动力学相似和水动力学相似同时满足，保证了模型和计算结果的准确性。基于上述分析，选取 L、密度 ρs、g 作为其他参数的相似判据，量纲和相似系数如表 5-3 所示。

表 5-3　　　　　　　　　量 纲 和 相 似 系 数 表

物理量	量纲	相似关系
密度 ρ_s	ML^{-3}	$\lambda_{\rho s}=1$
弹性模量 E	$ML^{-1}T^{-2}$	$\lambda_E=\lambda_L$
泊松比 μ	无量纲	$\lambda_\mu=1$
应力 σ	$ML^{-1}T^{-2}$	$\lambda_\sigma=\lambda_L$
应变 ε	无量纲	$\lambda_\varepsilon=1$
重力加速度 g	LT^{-2}	$\lambda_g=1$
长度 L	L	λ_L
时间 t	T	$\lambda_t=\sqrt{\lambda_L}$

物理量	量纲	相似关系
加速度 a	LT^{-2}	$\lambda_a = 1$
频率	T^{-1}	$\lambda_\omega = 1/\sqrt{\lambda_L}$

为了保证仿真结果的准确性，本书建模的几何比尺为 2.75，表 5-4 给出了建模参数和缆体原参数，真实材料的弹性模量为模型材料的 2.75 倍，其他材料参数均一致。对于计算结果，实际中缆体的形变为模型的 2.75 倍。本书振幅的量纲参数为缆体直径 D，将缆体悬跨长度表示为 L，以便更直观地展示缆体不同位置处的振动情况。

表 5-4　　　　　　　　模型的仿真参数和相应原参数对比

物理量	模型参数（1：2.75）	原参数
悬跨长度 L（m）	2.8/3.2/3.6/4/4.4	7.7/8.8/9.9/11/12.1
海底电缆外径 D（m）	0.04	0.11

（4）有限元建模。建立如图 5-15 所示的海底电缆几何模型，将海底电缆简化为 7 层，从外到内依次为外被层、钢丝铠装层、PET 层（与内衬层合并）、HDPE 护套（与沥青防腐层合并）、铅合金护套层、绝缘层（与导体屏蔽、绝缘、绝缘屏蔽、半导电阻水带合并）、铜导体；根据水弹性相似模型，添加如表 5-5 所示的材料参数；由于海底电缆整体呈现圆柱形，采用扫略、边约束方法对其进行网格划分，充分保证了规则性和均匀性。海底电缆在实际工程中固定在海底，故对模型两端施加固定约束；设置流固耦合交界面，以便流体对固体的流体力传递；设置时间步为 0.002s，设置计算时长为 3s。

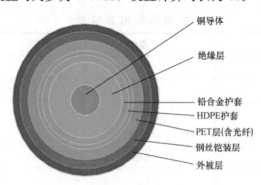

图 5-15　简化海底电缆各层结构

表 5 - 5　　　　　　　　　　海底电缆等效模型材料参数

海底电缆结构	材料	外径（cm）	弹性模量（Pa）	泊松比	密度 [（kg/m³）]
铜导体	铜	0.8	4.25×10^{10}	0.36	8900
绝缘层	交联聚乙烯	2	3.2×10^{8}	0.46	930
铅合金护套	铅	2.36	3.556×10^{9}	0.42	11360
HDPE 护套	高密度聚乙烯	2.6	1.1×10^{8}	0.46	950
PET 层（含光纤）	填充	3.14	1.17×10^{8}	0.46	950
钢丝铠装层	钢	3.6	7.1636×10^{10}	0.29	7800
绳被层	聚丙烯	4	5.63×10^{8}	0.46	1000

建立如图 5 - 16 所示的流体域几何模型。根据不同长度的海底电缆，分别建立五个长 2.8/3.2/3.6/4/4.4m、宽 0.2m、高 0.14m 的流体域几何模型。为提高圆柱壁面附近流体域的计算精度，将其分为内流域和外流域，将内流域划分为 15 层，并将第一层网格高度设置为 $40\mu m$，流体域网格划分效果如图 5 - 17 所示。设置流体材料为海水，入口边界条件为 inlet 类型并对流速进行设置，出口为 outlet，左右壁面设置为 wall，上下对称面设置为 symmtery，流固耦合交界面也设置为 wall 类型。采用 Transition SST 湍流模型，时间步长设为 0.002s，时间步设置为 1500 步，以保持和结构模型的一致。分别计算沿图 5 - 16 中 X 轴正方向不同流速下的流场情况。

通过 system coupling 模块将流体力结果传递到海底电缆上，然后进行流体和固体的迭代耦合，计算缆体模型的涡激振动情况。

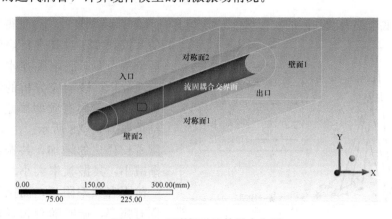

图 5 - 16　涡激振动流体域命名图

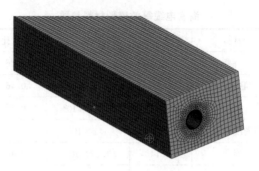

图 5-17　涡激振动流体域网格划分效果图

5.3.2　涡激振动有限元模型求解与分析

1. 海底电缆共振频率和流速求解

本书通过湿模态分析法对海底电缆有限元模型在水中的固有频率进行计算。涡激共振主要发生在一阶共振频率附近，因此，本书提取了湿模态计算结果中的一阶固有频率如表 5-6 所示，由表可知，随着长径比的增加，一阶固有频率下降，70～110 长径比的一阶固有频率范围在 9.45～3.8Hz。

表 5-6　　　　　　　　　　　　不同长径比的一阶固有频率

长径比	一阶固有频率（Hz）	长径比	一阶固有频率（Hz）
70	9.45	100	4.7
80	7.25	110	3.8
90	5.7	—	—

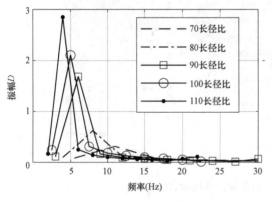

图 5-18　不同长径比的声学
谐响应分析结果

海底电缆涡激共振的实际频率应该与其一阶固有频率接近，为了得到精确的共振频率，对其进行声学谐响应分析，即海底电缆在水中的谐响应分析，谐响应分析的频率范围根据一阶固有频率确定，求解结果如图 5-18 所示。由图可知，随着长径比的增加，共振频率逐渐减小，共振频率大小均分布在一阶固有频率附近，而又不等于固有频率，振幅随着长径比的增加而逐渐增大。提取共振频率，列于表 5-7。

根据漩涡脱落理论中描述的

共振频率与流速的关系

$$f_r = f_s = S_t \frac{u}{D} \tag{5-9}$$

式中：f_r 为共振频率；f_s 为漩涡脱落频率；S_t 为 strouhal 数，本书取 0.24；u 为流速；D 为缆体直径。

将前面提取的共振频率代入式（5-9），可得出长径比 70 到 110 海底电缆涡激共振的流速如表 5-7 所示。由表可知，随着缆跨长度的不断增加，缆体发生涡激共振所需的流速逐渐减小，即越容易发生涡激共振。

表 5-7   **不同长度缆跨固有频率及共振频率表**

长径比	一阶共振频率（Hz）	涡激共振流速（m/s）
70	11	1.8
80	8	1.3
90	6	1
100	5	0.83
110	4	0.7

2. 不同长径比海底电缆涡激共振特性分析

为了获取海底电缆涡激共振时的力学特性，为状态监测提供数据支持，本书将计算得到的流速作为载荷施加在流固耦合模型中，求解并分析不同长径比情况下，海底电缆的振幅和应力应变时空分布情况。

以长径比 90 的模型为例，发生涡激共振时的流速为 1m/s，求解流固耦合模型得到如图 5-19 所示某时刻漩涡脱落云图。由图可知，此时缆体上表面水流流速小于下表面流速，缆体下方漩涡的脱落将给缆体一个向下的流体力。此过程会上下交替发生，导致缆体上下振动。

绘制缆体最大位移云图如图 5-20 所示，由图可知，海底电缆涡激共振为一阶振型，形变关于缆体中部对称且沿轴向先增大后减小，最大变形约为 $0.64D$。

从不同长径比的海底电缆涡激共振模型求解结果中提取振型，绘于图 5-21。由图可知，不同长径比和流速下，涡激共振的振型均为一阶，横向振幅也基本相同，为 $0.64D$。

为了观察缆体涡激共振的时变特征，提取缆体轴向中心处的位移数据，绘制图 5-22 所示的振动时变曲线。图中可知，经过 1.5s 左右之后缆体的振动幅度达到稳定，稳定后的振幅基本相同。

根据表 5-8 所示量纲和相似系数表，计算不同长径比海底电缆的真实涡激共振频率和流速，如表 5-8 所示。由表可知，真实的涡激共振频率变小了，但流速变大了。另外，表中模型的涡激共振频率与前面计算的谐响应分析频率略

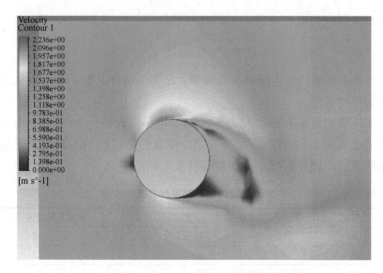

图 5 - 19　海底电缆漩涡脱落时的速度云图

图 5 - 20　海底电缆涡激共振时的位移云图

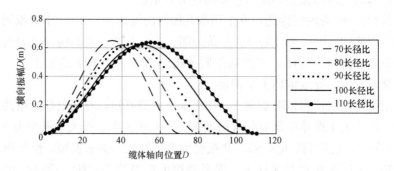

图 5 - 21　不同长径比海底电缆沿 y 轴方向振型图

有差别，这是计算过程中，为保证最大共振振幅，对流速进行了微调，此时的振动频率更准确。此外，缆体悬跨长度从 0 开始逐渐增加，由于海洋中洋流速度不会超过 3m/s，根据上述真实涡激共振流速推算结果，当长径比小于 70 时，由于缆体柔性更小，共振频率更大，海水流速达不到缆体涡激共振的要求，不会发生涡激共振。只有当缆体长径比大于等于 70 时，海水流速可能达到发生涡激共振的流速要求，悬跨海底电缆有发生涡激共振的可能性。

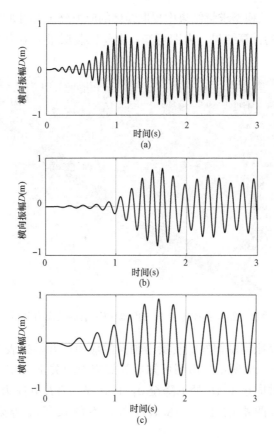

图 5-22　典型长径比海底电缆的横向位移

（a）长径比 70；（b）长径比 90；（c）长径比 110

表 5-8　　　　　　　不同长径比涡激共振振幅频率表

长径比	振动稳定 后振幅 D（m）	模型涡激 共振频率（Hz）	真实涡激 共振频率（Hz）	真实流速 （m/s）
70	0.65	11	6.633	3.04
80	0.62	8.06	4.86	2.18
90	0.64	6.17	3.721	1.7
100	0.62	5.05	3.045	1.376
110	0.64	4.32	2.651	1.215

3. 海底电缆涡激共振应力应变分析

缆跨发生涡激共振最容易导致钢丝铠装和铅合金护套这两个金属层疲劳开裂。

为确定疲劳位置，从模型求解结果中提取缆体的应力分布云图如图 5-23 所示，该图是长径比为 90 的计算结果。由图可知，钢丝铠装层最大应力 99.75MPa，出现在端部。

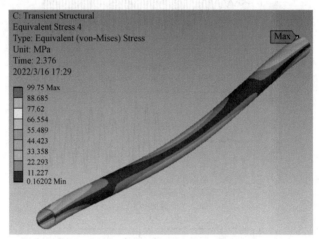

图 5-23　长径比为 90 的钢丝铠装层等效应力分析

提取其他长径比模型钢丝铠装层沿轴向的应力，并根据表 5-3 换算得到真实应力分布如图 5-24 所示。由图可知，等效应力均关于 1/2L 处对称，两端等效应力最大，沿轴向至 1/4L 处下降至 0，1/4L 至 1/2L 处应力逐渐增加，1/2L 处等效应力约为两端的 1/3。13.13D 处，不同长径比等效应力相等，约为 85.2MPa。

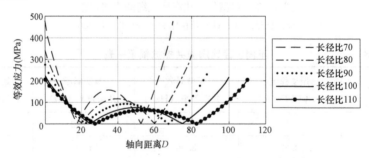

图 5-24　不同长径比海底电缆的铠装层应力分布

表 5-9 所示为不同长径比缆跨等效应力及经过换算后实体所受应力，由表可知，随着长径比的增加，缆体的柔性逐渐增加，缆体受到的应力逐渐减小。钢丝铠装层受到的应力均已接近或超过屈服强度 280MPa，长期振动会导致断裂。

长径比	70		80		90		100		110	
	模型	实体	模型	实体	模型	实体	模型	实体	模型	实体
铠装层等效应力（MPa）	173.9	478.225	123.9	340.7	99.75	274.3	81.035	222.8	74.554	205.023
变化频率（Hz）	21.7	13.09	16.67	10.05	12.8	7.72	10.2	6.15	8.77	5.29

表 5-9　　　　　　　　　不同长径比缆跨的等效应力应变变化表

利用 S-N 曲线疲劳分析法对不同长径比海底电缆钢丝铠装层疲劳寿命进行计算，可得到疲劳寿命分布云图，如图 5-25 所示。该图是长径比 70 的海底电缆发生涡激共振时铠装层的疲劳应力周期分布图。该图与图 5-23 的应力分布对应，应力最大处正好是应力周期最小处，即最先出现疲劳的位置。由图可知，端部存在最小周期个数 13676。

根据疲劳寿命时间计算公式

$$T_{life} = T_a \times N \tag{5-10}$$

式中：T_{life} 为疲劳寿命时间；T_a 为真实海底电缆的应力周期；N 为疲劳周期个数。根据表 5-10，真实海底电缆的应力周期

$$T_a = \sqrt{\lambda_L} T_b = 1.658 T_b \tag{5-11}$$

式中：T_b 为模型应力周期。

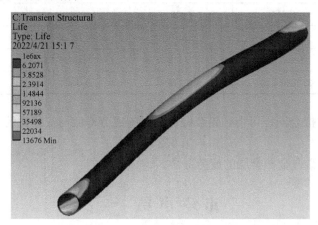

图 5-25　长径比为 70 的钢丝铠装层疲劳寿命云图

根据式（5-10）和式（5-11），计算得到表 5-10 所示不同长径比海底电缆钢丝铠装层的疲劳寿命时间。由表可知，长径比 70～110 的海底电缆发生涡激共振时，疲劳寿命时间范围为 1042.1s（约 17min）～69686.5s（约 19.357h），可见涡激共振对缆体伤害的严重。此外，还可发现，长径比越大，缆体柔性越大，涡激共振时越不容易疲劳。

表 5 - 10　　　　　　　　　不同长径比缆跨钢丝铠装层疲劳寿命表

长径比	循环次数	模型应力周期(s)	真实缆体应力周期(s)	疲劳寿命时间(s)
70	13676	0.046	0.0762	1042.1
80	46185	0.06	0.09948	4594.5
90	1.0181×10^5	0.078	0.1293	13164
100	1.86×10^5	0.098	0.1626	30243
110	3.6868×10^5	0.114	0.189	69686.5

对不同长径比钢丝铠装层的真实疲劳寿命时间进行函数拟合,得到长径比与钢丝铠装层的疲劳寿命时间关系为

$$T_{\text{life1}} = 8.088 \times 10^{-10} \alpha^{6.838} - 3327 \qquad (5 - 12)$$

式中:T_{life1} 为钢丝铠装层的疲劳寿命;α 为长径比。

用同样的方法可以得到铅合金护套的疲劳寿命如表 5 - 11 所示。对比表 5 - 10 可发现,铅合金护套比钢丝铠装层的疲劳寿命更短,在涡激共振中更容易开裂。

表 5 - 11　　　　　　　　　不同长径比缆跨铅合金护套疲劳寿命表

长径比	循环次数	模型应力周期(s)	真实缆体应变周期(s)	疲劳寿命时间(s)
70	12390	0.046	0.0762	944.118
80	45616	0.06	0.09948	4537.88
90	86802	0.078	0.1293	11223.5
100	1.8×10^5	0.098	0.1626	29268
110	3.2829×10^5	0.114	0.189	62046.8

通过函数拟合同样可得到铅合金护套层的疲劳寿命与长径比的关系

$$T_{\text{life2}} = 1.052 \times 10^{-12} \alpha^{8.216} \qquad (5 - 13)$$

式中:T_{life2} 为铅合金护套层的疲劳寿命。

 本 章 小 结

本章给出了海底电缆短路、漏电、锚害、涡激振动等电热和机械故障的建模和试验方法,对建模和试验数据进行了详细分析,总结了故障发生后的规律,为故障检测和诊断奠定了理论和数据基础。

第 6 章

海底电缆故障检测与诊断

6.1 海底电缆故障特征分析

海底电缆一般都与大陆或岛屿相连，海缆路由避不开浅海区，易受船锚、捕鱼作业损坏发生锚砸和钩挂故障；海底电缆长期运行于高电压、高潮湿环境下，加之潮汐、地壳运动、生物侵袭等自然因素长期作用造成海底电缆破损，容易引发漏电甚至接地短路故障；由于海底电缆相间距很大，因此发生相间短路的概率很小。综上所述，海底电缆故障一般表现为锚害、接地短路及漏电。

根据锚害故障模型求解结果，锚砸故障发生后海底电缆中复合光纤的应变值在短时间内迅速上升；由于锚砸冲击力大，作用时间短，因此应变升高的区间相对较小，在几十米范围内，属于中等空间尺度。钩挂故障发生时，船速比自由落体的抛锚速度要慢，因此光纤应变增加速度相对较慢；由于海床地质松软，因此应变升高的区间较大，在几百米范围内，属于大空间尺度。从空间分布上看，锚砸和钩挂故障点的应变最大，向两侧逐渐减少。

根据电气故障模型求解结果，海底电缆发生接地短路故障后，瞬间大电流流过故障点与电源之间的导体及整条电缆的铅合金护套和铠装，巨大的损耗引发金属材料释放大量的热能，随着时间的推移，该热能会传导至光纤层，导致光纤温度的大幅上升。故障点一般具有较大的接触电阻和过渡电阻，局部损耗值很高，故障点至电源区间的导体、铅合金护套和铠装都有短路电流，因此同时发热；另一侧只有铅合金护套和铠装中流过短路电流，导体中无电流，因此发热量相对较小；从空间分布上来看，故障点温升最高，靠电源侧的海底电缆温升大于另一侧海底电缆的温升。发生漏电故障时，海底电缆仍处于运行状态，因此整体温度分布和时变特性满足稳态和暂态模型。由于漏电位置存在几瓦至几十瓦的损耗，海底电缆局部会出现温升，该温升幅度不大，视漏电严重程度在 10℃ 以内变化，漏电越严重温升越大；从故障点向两侧呈温度下降趋势；由于漏电处损耗相对较小，因此温升区间较小，一般只有几米，属于小空间尺度。

当海底电缆由于机械或电气故障导致断缆事故时，除了在断缆前表现出以上特点外，断缆后一般也伴随光纤的断裂，因此在断点后面会表现为光纤传感数据的丢失，以此作为判据即可实现故障检测和诊断。

综合以上分析，可以将海底电缆故障特点总结成表 6-1，作为故障检测和诊断的依据。

表 6-1   **海底电缆故障特点**

故障类型		物理量及变化	空间分布	空间尺度	时变特性
机械故障	锚砸	应变增加	中间高，两侧低，对称分布	十米量级	短时升高
	钩挂	应变增加	中间高，两侧低，对称分布	百米量级	慢速升高
电气故障	接地短路	温度升高	中间高，两侧低，近电源侧温度高于远电源侧	公里级	短时升高
	漏电	温度升高	中间高，两侧低	米级	慢速升高
断裂		断裂点后感数据丢失	一侧数据丢失	公里级	短时

6.2 海底电缆故障检测与诊断算法

6.2.1 故障检测方法设计

敷设于登陆点间的海底电缆要经过陆地、栈桥、浅滩及地形复杂的海床。未发生故障时，海底电缆内复合的光纤处于松弛状态，各处应变近似为零，应变曲线呈水平状，因此，机械故障可通过应变分布数据的单阈值法进行报警；但是，温度受路由所经环境的影响，温度曲线呈不规律分布，因此不能采用单阈值报警，需要经过归一化处理后再报警。本书根据长期监测的光纤应变和温度分布数据制定如下双阈值法报警策略：

（1）故障未发生时，光纤上的应变和温度分布数据相对稳定，根据长期积累的负荷、水温数据和历史监测波形制定出标准应变波形 $S_\varepsilon(z)$ 和标准温度波形 $S_T(z)$，其中，z 是光纤上的距离。

（2）实时检测应变和温度测量数据的长度，当有效数据个数小于正常数据个数 NUM 时报警，并同时确定为断缆故障，最后一个数据的位置即为故障点。

（3）若无断缆事故发生，则将应变和温度实测数据对标准曲线进行减法归一化，归一化后的数据消除了环境温度的影响。

（4）根据海底电缆运行的实际情况和故障经验确定海底电缆的应变报警阈值 A_ε 和 A_T。

（5）将归一化后的数据与报警阈值比较，超过阈值的数据认定为奇异点。

（6）实时监测奇异点数量，当连续 N 次测量数据的奇异点数量都超过 M 时发出报警，记录报警的时刻、位置及应变和温度监测数据，并提交故障诊断。其中，N 和 M 需要根据现场情况制定。

6.2.2　故障诊断方法设计

为了实现快速高效的运检安排或抢修，检测到故障后，需要进行故障诊断，指出故障的类型并给出严重程度，给运维检修人员提供充足的信息。根据对故障特点的分析，机械和电气故障发生时，应变或温度测量曲线上都会出现突变点，只要能够有效地检测突变点，并准确判断其尺度和分布特点，就能够对故障进行诊断，本书采用具有奇异点检测及多尺度分析功能的小波变换。为了能够有效地检测出突变点，所选的小波基必须具有足够高的消失矩；同时，海底电缆中光纤的应变和温度曲线是不平滑的，所以应该选择不平滑的小波，即规则性系数大的小波，经比较，本书选用二阶 coif 小波基，对报警后的归一化曲线进行多尺度分解。具体方法和步骤如下：

（1）机械与电气故障的判别。对应变和温度实时归一化数据分别进行小波分解，如果奇异点出现在应变曲线上，则提示机械故障；如果奇异点出现在温度曲线上，则提示电气故障；如果都出现，则提示同时产生了机械和电气故障。

（2）故障确认。搜索各个尺度的模极大值点，如果在 $j-1$ 尺度上有一个幅度较大的模极大值，并且在 j 尺度上与 $j-1$ 尺度位置相近的点具有相同符号的模极大值，说明这两个点对应于同一个突变点，在同一条极大值线上，若下一个信号 $j-1$ 尺度上的极大值特征表现得更为明显，可以判断该点发生了故障。

（3）锚砸与钩挂故障的判别。确认故障发生后，如果提示产生了机械故障，则分别观察比较不同尺度的高频系数；锚砸故障尺度小，一般表现在第五、六尺度的高频系数上；钩挂故障尺度大，表现在低频系数上；高低频系数的奇异点指出了故障的位置。

（4）接地短路与漏电故障的判别。确认故障发生后，如果提示产生了电气故障，则重点观察第二、三尺度上的高频系数和低频系数；由于接地短路和漏电故障处的突变尺度相当，所以单纯比较高频系数无法区分两种故障，只能定位故障点。还需要根据低频系数，提取故障点至电源间低频系数，如果有 90％以上的数据超过了接地短路故障阈值 A：则诊断为接地短路故障；否则，诊断为漏电故障。

（5）排除误报警。如果经过小波分析后第二、三、五、六尺度的高频系数和低频系数上都不存在尖峰，或者未达到系数报警阈值，说明出现了误报警。可以根据最近一周监测的正常数据对标准值进行修订，优化故障检测的阈值，提高故障监测的准确性。

海底电缆完整的故障检测与诊断流程如图 6-1 所示。

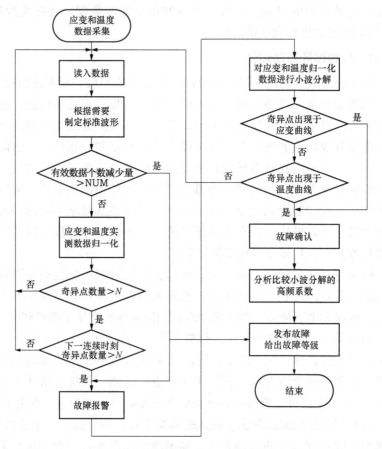

图 6-1　海底电缆故障检测与诊断流程图

6.2.3　故障数据模拟

海底电缆机械和电气故障属于偶发事件，对于某一条海底电缆，搜集每种故障时刻的分布式光纤应变和温度分布信息十分困难。由于海底电缆运行环境特殊、价格昂贵，故障实体试验条件要求苛刻、周期长、耗资大，因此，进行实体试验也十分困难。基于以上考虑，本书以现场 BOTDR 长期监测数据为基础，根据故障特点，对监测数据进行修改，模拟海底电缆故障数据，用以验证算法的正确性。

1. 机械故障

机械故障包括锚砸和钩挂两种，它们的应变分布规律相似，空间尺度不同，变化速度不同。可用开口向下的抛物线模拟故障点附近的应变分布数据

$$y = -a \times (x-b)^2 + c \qquad\qquad (6-1)$$

式中：x 为距离；y 为应变；$a > 0$，$b > 0$，$c > 0$。改变 a 和 b 的取值，可调整抛物线的开口尺寸和顶点坐标；改变 c 可调整故障点的位置。

最后，在 2000m 处构造锚砸和钩挂故障样本数据，如图 6-2 所示。图中，锚砸的空间尺度是 20m，钩挂的空间尺度是 200m。

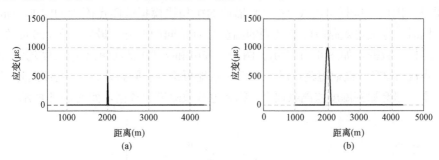

图 6-2　机械故障样本数据

（a）锚砸故障样本数据；（b）钩挂故障样本数据

将故障样本数据叠加到应变监测数据中，得到如图 6-3 所示的机械故障模拟数据。曲线中存在小幅噪声，主要是测量设备随机误差和光纤残余应变造成的。

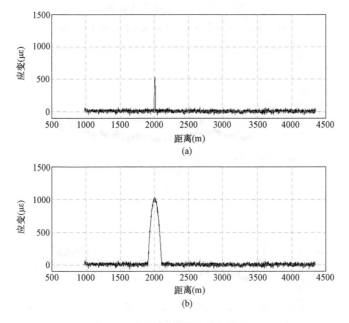

图 6-3　机械故障模拟数据曲线图

（a）锚砸故障模拟数据；（b）钩挂故障模拟数据

2. 电气故障

电气故障包括漏电故障和接地短路故障。它们的共同点是故障点处温升的空间尺度相近,都是米级,都呈中间高、两边低的分布特点;不同点是温升幅度不同,漏电的幅度小于接地短路;另外,漏电故障区域以外的光纤温度没有变化,而接地短路故障点两侧的温度都有上升,且近电源侧温升大于远电源侧的温升。因此,同样可用式(6-1)描述的抛物线模拟故障点附近的温度分布数据;同时,令接地短路故障点两侧的温度具有不同的温升。最后,在 2000m 处构造故障样本数据,如图 6-4 所示。图中,漏电和接地短路点的空间尺度均为 8m,漏电点温升 3℃,接地短路点温升 10℃,接地短路点左侧温升 2℃,右侧温升 3℃。将样本数据叠加到温度监测数据上,构造电气故障模拟数据,如图 6-5 所示。

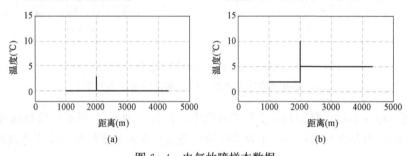

(a) (b)

图 6-4 电气故障样本数据

(a)漏电故障样本数据;(b)接地短路故障样本数据

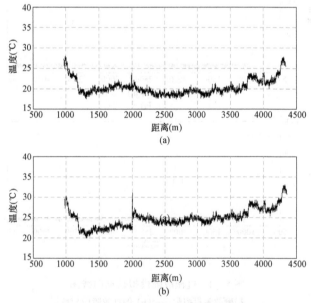

(a)

(b)

图 6-5 电气故障模拟数据曲线图

(a)漏电故障模拟数据;(b)接地短路故障模拟数据

6.2.4 算法验证

1. 故障检测

选取海底电缆正常运行时的应变和温度曲线作为标准曲线，如图 6-6 所示。设置机械和电气故障报警参数如表 6-2 所示。将故障模拟数据对标准数据进行归一化，然后启动故障检测程序，四种故障模拟数据均发出报警，提交故障诊断程序处理。

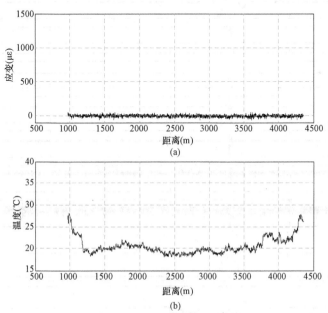

图 6-6 正常运行中的光纤应变和温度标准曲线

（a）应变标准曲线；（b）温度标准曲线

表 6-2 报 警 参 数 设 置

故障类别	报警阈值	奇异点数阈值 M	连续检测次数阈值 N
机械故障	$A_\varepsilon = 200\mu\varepsilon$	10	10
电气故障	$A_T = 2℃$	2	20

2. 故障诊断

对产生报警的应变和温度归一化数据 s 分别进行 8 尺度二阶 coif 小波分解，小波树和分解的高频系数分别如图 6-7 和图 6-8 所示。图 6-8（a）中的高频系数 d_6 可判别和定位锚砸故障；图 6-8（b）中的低频系数 a_8 可判别和定位钩挂故障；图 6-8（c）中的高频系数 d_3 可判别和定位漏电故障；图 6-8（d）中的高频系数 d_3 和低频系数 a_8 合并考虑可判别和定位锚砸故障。

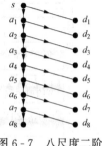

图 6-7 八尺度二阶 coif 小波树

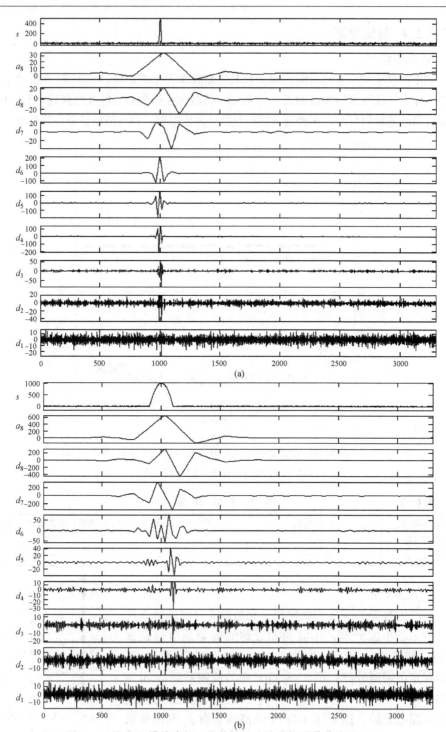

图 6-8　海底电缆故障归一化数据的小波分解系数曲线图（一）
（a）锚砸故障归一化数据的小波分解系数；（b）钩挂故障归一化数据的小波分解系数

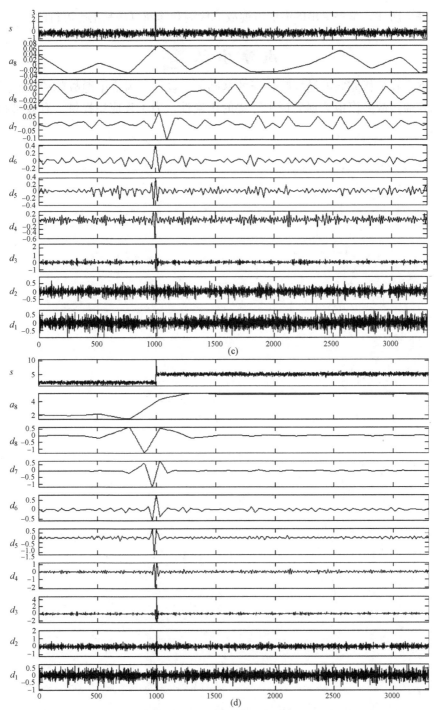

图 6-8　海底电缆故障归一化数据的小波分解系数曲线图（二）

（c）漏电故障归一化数据的小波分解系数；（d）接地短路故障归一化数据的小波分解系数

115

综上所述，本书提出的海底电缆故障检测和诊断算法是正确可行的。

本 章 小 结

本章在分析海底电缆故障特征的基础上，设计了海底电缆故障检测和诊断算法，通过故障模拟数据验证了算法的正确性，为工程应用提供了有效可行的算法。

第 7 章

基于分布式光纤传感技术的海底
电缆状态监测软硬件系统

7.1 海底电缆状态监测硬件系统设计

7.1.1 传感光路设计与实现

1. 传感光路特性的确定

（1）光路的拓扑结构与长度。由于 BOTDR 系统利用光纤复合海缆的备用光纤实现电缆应变/温度分布的检测，所以传感光路与海底电缆具有相同的拓扑结构。为了准确地确定电缆的应变/温度分布信息，需要由线路的施工资料获取复合电缆成缆时的绞合节距和光纤余长信息等，并借助 OTDR 和 BOTDR 对传感光纤的现场测试进行辅助分析，以确定海缆的实际长度、光纤的实际长度、光纤与海缆的长度比例关系、海缆的实际路由走向、光纤接续点和特征点位置等。

（2）光纤传感通道数选择。根据同时监测三相海缆（3 条单芯或 1 条三芯）的需要，可采用两种方案：一种是 3 相海缆串联，具有实时性高的优点；另一种是 3 相海缆并联，具有监测精度高的优点。例如，某实测案例中，由于海缆登陆点至值班室的光通道长约 1km，若采用串联方案将使单通道传感距离增加 2km，导致传感距离采用 20km 挡，与并行监测采用的 5km 挡相比较，实时性和精度反而下降，因此最终采用并联方案。三相海缆每条预留 2 条纤芯，其中 1 条用于实时监测，另一条备用。

（3）传感光路中各段光纤的详细接续情况。待测线路中传感光路由多段光纤接续而成，由于不同光纤的布里渊频移相差较大，因此需要查阅资料明确不同位置处光纤及跳线的详细信息（包括类型、厂家、型号、批号），通过实测确定各段光纤的长度与起止位置（精确到米）、接头或熔接点的位置与类型。

（4）传感光路中各点的定位方法。为了保证故障定位的准确性，需要在待测线路上确定若干个参考位置。在项目实施过程中，除查阅线路施工资料外，借助 OTDR 和 BOTDR 现场测试数据进行辅助分析。参考位置的确定通过建立施工资料、OTDR 测试曲线及在特定点施加应变或温度时的 BOTDR 测试曲线的关系来实现。

2. 标定方法

(1) 光纤的标定。在实验室内采用高精度恒温槽和悬臂梁对海缆光单元中光纤的应变/温度系数进行标定。

(2) 复合电缆的标定。上述光纤的标定只适用于复合海缆中的裸光纤，对于已铺设好的光纤只能作为参考。为了确定合理的告警阈值，降低误报率，必须对实际复合电缆中光纤的应变/温度系数进行标定。

考虑到电缆体积、重量大，标定困难，而且待测线路已完成铺设，因此，采用下述方法对实际电缆进行标定：

在完成系统联试后，合理设置 BOTDR 的空间分辨率、测量时间等参数，对待测线路进行 24 小时连续测量，将经过平均处理的测量结果作为应变/温度分布的参考曲线，将后续测量曲线与参考曲线的差值作为待测线路应变/温度分布的测量曲线，并科学地选择系统的告警阈值。在后续的日常监测中，根据长期的监测经验，对系统的预警及告警阈值进行修正。

3. BOTDR 设置参数与传感效果的关系

为了达到良好的监测效果，需要提高 BOTDR 应变/温度测量的实时性、空间分辨率等指标，而这些指标与 BOTDR 传感距离、脉冲宽度、入纤光功率、取样分辨率、平均次数、扫频范围与步进等设置参数有关。因此，需要通过理论分析、实验研究和现场测试来探索确定上述参数的最优设置方案。

7.1.2　辅助监测系统

分布式光纤传感技术可实现海缆本体的状态监测，解决了海底电缆看不见摸不着的问题。由于海缆故障有 80% 来自海面船只抛锚或渔业捕捞，因此有必要配备视频监控、AIS 等辅助监测系统，起到海面船只预警、肇事确认等作用。

1. 视频监控系统

视频监控系统用于监视海缆附近区域的过往船舶，预警船舶的停航和抛锚趋势；当出现锚挂海缆或断缆事故时，与 BOTDR 的告警信息及 AIS 信息相结合，通过场景回放确认肇事船只。视频监控系统应包括枪式摄像机、长焦大镜头、远距离红外热成像仪、光纤收发器、网络硬盘录像机及供视频显示的计算机，监控距离应能满足现场需要，而且具有全天候应用、存储等多项业务功能。主要技术依据如下：

(1) 长焦摄像机。长焦镜头可实现大焦距调节，实现远距离清晰呈现，提供白天时的彩色画面。覆盖区域的计算如图 7-1 所示。图中给出了物体成像原理图，可以求得此镜头在静止状态下的视野范围。为了计算覆盖区域，可以通

过求正切函数 $\tan(x)$ 的值来求得距镜头不同距离物体的最大长度，即海面的最大宽度。

去雾模块可直接嵌入摄像头内，对镜头采集的视频数据进行处理，有效修复因雾、雨、雪及

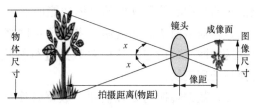

图7-1　长焦镜头成像原理示意图

阴霾等复杂气候造成的图像模糊，实现后端清晰化图像的输出，从而使摄像头具有透雾等功能。

高清枪式摄像机、长焦镜头和去雾模块共同构成长焦摄像机，能看清 4km 远处 1m 见方的字，所以能够完成对海缆上方过往船舶的监视和录像。

（2）红外热成像仪。红外热成像仪采用热成像连续变焦技术，能够大范围搜索和识别远处目标。镜头采用非球面硒化锌、锗材料，成像清晰，成像器件采用氧化钒探测器，最小温度分辨率达 50mK。该红外热成像仪不受雨水、灰尘的破坏，能够穿透灰尘、烟雾、雨雪和黑暗。红外热成像仪对车的探测距离能达到 4200m，所以探测体积更大的船舶没有问题。

2. 船舶自动识别系统

船舶自动识别系统（AIS）是海缆监测系统中用于日常船只监控和肇事船只确认的子系统。AIS 系统通过接收海缆附近过往船舶的位置、航速等信息，实现船舶抛锚、停航等海缆故障隐患的监测，并对处于监控范围内的船舶进行预警，以降低事故发生概率；在发生锚挂等故障时，提供场景回放，结合 BOTDR 告警信息确认肇事船只，协助理赔工作顺利进行。一旦发生海底电缆船只肇事事故，可由海底电缆业主单位提供一份事故证据报告，提交到福州海事局事故处理执法部门，由有执法权的事故处理部门进行调查，提取相应 AIS 管理数据，作为理赔的重要证据。

AIS 系统采用一站一中心结构，在海岸边安装 AIS 基站，通过网络将数据传输到监控中心。船舶信息从船舶到监控中心经历接收、传输和管理三个环节，因此，AIS 系统也分为三个部分，即信号接收部分、信号传输部分以及监控管理部分。信号接收部分包括 AIS 基站及交换机（与视频系统共用），信号传输部分包括被测电缆中的备纤及其两端的收发设备，监控管理部分由监控中心服务器和监控终端构成。

AIS 基站接收监测区域的船舶信息，与视频监控图像数据共同经光端机通过海缆中的备用光纤传输到监控中心，地方电力公司客户端通过电力专网访问监控中心。监控中心对 AIS 基站发送来的数据进行处理并保存，具体功能由相应的控制软件实现。控制软件包括通信模块、数据转换与处理模块、AIS 信息显示模块和日志管理模块。装有控制软件的监控终端通过网络与 AIS 基站进行

通信。监控中心控制软件的具体功能如下：

（1）通信模块。通信模块主要负责网络环境下与 AIS 基站的通信，接收基站发送的网络数据包，然后对数据进行校验和验证，将正确的数据发送给数据转换与处理模块。

（2）数据转换与处理模块。数据转换与处理模块通过调用相应子程序对接收的经过检验和验证的数据进行解码。解码后的数据需经过两次处理：首先，根据解码数据判定船舶是否处于禁止抛锚区域（监测区域），保留位于监控区域内船舶的信息，并送入到显示模块和日志管理模块；其次，对保留的信息进行解算，若船舶有抛锚趋势或有发生锚挂事故的可能，告警并实时通知监控中心的工作人员进行相应处理。

（3）AIS 信息显示模块。AIS 信息显示模块负责将解码后的 AIS 信息进行显示，包括显示船舶的动态信息、静态信息和航次等相关信息，实时显示船舶的位置。

（4）日志管理模块。为了在发生船只肇事时进行场景回放，为确认肇事船只提供原始数据，日志管理模块将 AIS 基站接收到的数据存储到数据库中。

AIS 各功能模块共同配合，实现在监测区域内对过往船舶的监控、预警，实现流程如图 7-2 所示。

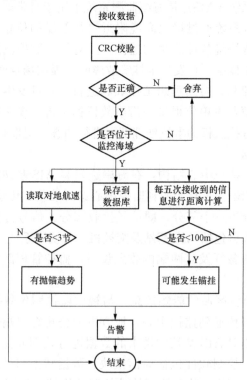

图 7-2　AIS 系统实现流程图

7.2　海底电缆状态监测软件系统设计

依据海缆实时运行综合监测系统的建设目标，在构建由 BOTDR、AIS 和视频监控系统组成的海缆监测网络的基础上，以基于 B/S（Browser/Server）模式的 .net 技术为集成开发平台，在监测系统硬件设备的基础上，按照成熟的数据管理模式，建立一个完善的光纤复合海缆实时运行综合监测系统，实现数据的存取、显示、管理和查询、接口控制、人机交互界面设计、MIS 组网等各项功能，如图 7-3 所示。综合管理系统主要完成以下功能：

（1）数据的采集、解析、存放、分类、调取、联接和处理。

（2）采集、解析和存放数据程序的部署，数据的统筹分类设计，分布式数据调取的位置和接口，数据联接的条件，数据处理的依据。

（3）数据显示的方式，数据显示程序的部署，数据显示对系统负荷影响的均衡处理。

（4）数据采集时间的控制、数据存放空间的控制、数据检索时间的控制，接口的配置。

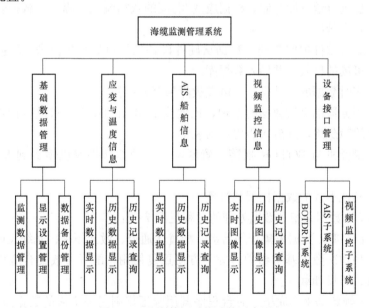

图 7-3　监测管理系统功能示意图

7.2.1　后台数据采集与处理

从 BOTDR 和 AIS 设备获取的信息是一些按照规约组成的二进制码。由后台程序读取后，经过解析、判别、分类，最后写入特定关系数据库。以关系数据库为基础，进行后续的数据显示、数据分析和数据挖掘。

后台程序在应用服务器上运行，后台程序处理 BOTDR 和 AIS 数据，并将数据和结果发送到数据库服务器，主要包括：

（1）读取 BOTDR 测量数据，转存到数据库中。

（2）接收 AIS 信息，筛选出禁锚区 AIS 信息，判断并产生 AIS 报警。

（3）整理 BOTDR 数据，产生 K 线数据，清除过期实时数据。

（4）摄像机与 BOTDR 报警位置联动，自动偏转摄像机镜头到报警区域，录像存档。

（5）摄像机与 AIS 报警位置联动，自动偏转摄像机镜头到报警区域，录像存档。

1. BOTDR 数据采集

BOTDR 将测量的应变/温度信息通过设备接口（网络接口），以 ASCII 码流形式发给管理系统，管理系统以 TCP/IP 方式控制和接收，从码流中提取应变/温度分布数据，数据处理线程对应变/温度信息进行实时显示、故障隐患预警、故障判断、故障点定位及告警等处理，应变/温度信息放入数据缓冲区，再经数据管理线程进行数据库存储。根据应变/温度的数据流动过程，其数据管理主要分为以下几个阶段：

（1）通过软件把监测到的数据从硬件设备的接口处解析出来，转换为系统设定的、可读的格式，并导入数据库。

（2）实时数据的主动显示，电缆故障预警和报警。

（3）服务器端进行数据的整理，比如按 K 线图的业务要求进行计算，根据阈值判断故障隐患，并放入历史数据表中。

（4）摄像机与 BOTDR 报警位置联动，自动偏转摄像机镜头到报警位置，录像存档。

（5）其他形式的数据挖掘和整理。

BOTDR 数据采集和数据处理的过程见图 7-4：

（1）BOTDR 数据采集程序启动，配置光通道、激光频率、光纤长度、空间分辨率、平均次数等基本参数。为了方便重复使用，配置参数集合应该能够保存、修改、拷贝和载入。

（2）1 帧数据采集完毕，后台程序调用验证规则对采集来的数据进行校验，丢弃错误的数据。

（3）数据校验正确，将数据分类保存在文本书件中。要保存的文件类型包括 BOTDR 配置数据、实时应变数据、实时温度数据、布里渊散射光谱数据等。

（4）后台程序定时读取文本文件，按照文件格式规约，得到相应位置处的应变和温度值，将附有时间戳的值存入数据库，并判断是否超出报警阈值，如果超出，则将报警信息写入报警记录表，同时控制摄像头偏转到报警所在区域进行录像。

（5）监测终端将数据库中的应变和温度数据，以尽可能直观的方式呈现给值班人员。每隔 5s，扫描 BOTDR 报警记录表，如果有新的报警信息，则按照报警类别发出不同的声音警报。

2. AIS 数据采集

AIS 接收机将接收到的 ASCII 码流通过设备接口（网络接口）发送给管理系统，管理系统设置 AIS 码流 TCP/IP 接收线程，AIS 信息提取线程根据 AIS 协议（ITU-R M.1371 和 IEC61162 协

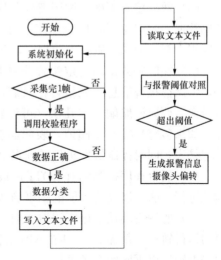

图 7-4　BOTDR 数据采集流程图

议）解析码流，提取 AIS 船舶信息，如船舶 MMSI 号、船舶状态、对地速度和航向、船舶经纬度、UTC 时间等。数据处理线程对船舶信息进行实时显示、锚害判断和预警等处理，解析后的 AIS 信息放入数据缓冲区，将 AIS 信息进行筛选，保留监控区域范围内的数据，删除其他数据，再经数据管理线程进行数据库存储。根据 AIS 监测到的船舶航行数据流动过程，其数据管理主要分为以下几个阶段：

（1）首先通过软件把监测到的数据从硬件设备的接口处解析出来，转换为系统设定的、可读的格式，去除冗余数据并导入数据库。

（2）实时数据的主动显示，根据船舶航速、经纬度等进行抛锚预警。

（3）服务器端进行数据的整理，比如计算船舶航迹、航速，并放入历史数据表中，根据用户需要显示。结合海缆应变故障信息与视频监控进行肇事船舶确认。

（4）查询计算。根据船舶号和时间区间进行航迹查询。

（5）摄像机与 AIS 报警位置联动，自动偏转摄像机镜头到报警区域，录像存档。

AIS 数据采集和数据处理的过程见图 7-5：

（1）AIS 基站的串口与工控机 RS232 串口连接，无线接收天线和 GPS 天线应尽可能安装在开阔的高处。基站加电，工控机后台 AIS 数据采集程序启动，根据约定的波特率读取串口数据。

（2）读取到数据截止标记，一条完整的 AIS 数据采集完毕，后台程序调用验证规则对采集来的数据进行校验，丢弃错误的数据。

（3）数据校验正确，调用解码程序将 6 位 ASCII 码转为 8 位 ASCII 码。在解码数据的约定位置获取经纬度信息，判断该位置是否在禁锚区，如果不在禁锚区则丢弃，如果在则写入数据库，并继续下面的处理。

（4）在解码数据的约定位置获取船速信息，船速低于阈值则认为有抛锚趋势，将抛锚报警信息写入报警记录表，同时控制摄像头偏转到报警所在区域进行录像。调取该船舶相邻几次（可设置）位置信息，计算这些位置点的包容半径，如果包容半径小于阈值，表明船舶在禁锚区逗留，将逗留报警信息写入报警记录表，同时控制摄像头偏转到报警所在区域进行录像。

（5）后台程序探测到有 BOTDR 报警时，调出报警时间前后 20min 内的 AIS 信息进行关联，以便为可能的肇事确认保留现场证据。

（6）监测终端从数据库读取实时 AIS 数据，在禁锚区卫星图上显示过往船只的运行轨迹。每隔 5s，扫描 AIS 报警记录表，如果有新的报警信息，则按照报警类别发出不同的声音警报。

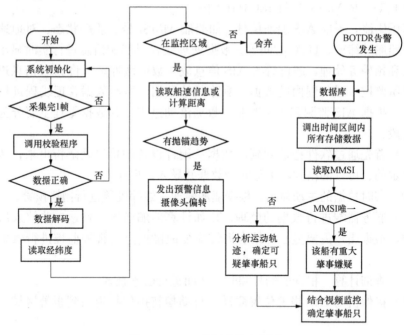

图 7-5　AIS 数据采集流程图

3. 摄像机数据采集

监测系统配备两台摄像机，BOTDR 和 AIS 报警会触发摄像机动作，实现联动控制。根据视频监控设备的视频信号流动过程，其数据管理主要分为以下几个阶段：

（1）通过硬盘录像机把模拟视频信号进行压缩处理，转换为 H.264 格式，并存入本地硬盘。

（2）监控工作站主动实时显示监控画面，并进行视频文件存储，为肇事船舶确认提供证据。

（3）服务器端进行数据的整理，将视频文件名称和存储路径放入历史数据表中。

（4）根据提供的时间区间查询视频文件。

管理系统通过网络接口连接硬盘录像机，进行视频信号的接收、摄像头及云台控制、处理判断、显示和存储，对视频文件名及路径进行数据库存储。

硬盘录像机采集和处理视频数据的过程如图 7-6 所示。

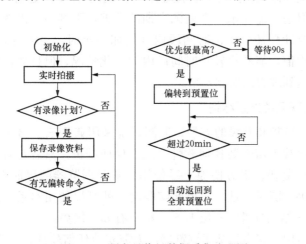

图 7-6　硬盘录像机数据采集流程图

（1）硬盘录像机可接 4 路视频信号，来自摄像头的视频信号线和控制信号线与硬盘录像机上相应的端口接好。接线完毕，加电后即可进行实时拍摄。

（2）硬盘录像机把模拟视频信号进行压缩处理，转换为数字视频格式，呈现在客户端进行实时预览。硬盘录像机缓存用完后，查找录像策略，判断该时段的录像是否需要保存，不需保存直接清空缓存，需要保存则存入硬盘后再清空缓存。

（3）摄像机的控制端口始终处于打开状态，当接到偏转指令时，则查找偏转指令队列，优先处理等级高的偏转指令。

（4）根据偏转指令中的预置位编号，检索预置位信息表，获取预置位的水平角度、垂直角度和焦距，控制摄像头偏转到相应位置进行录像。

（5）摄像机接收到的偏转命令按照优先级组织在一个队列中，有新的报警时队列重新生成，将报警等级高的排在前面。如果有多条偏转指令，90s（摄像头偏转所需的最长时间）后处理后继的偏转指令。如果超过 20min 没有偏转指令，控制摄像头自动偏转到全景位置进行录像，监控整个禁锚区。

4. 后台数据处理

BOTDR 的数据包含监测点的应变/温度和位置信息，经过处理后的信息分别存储在实时表和历史表中。从数据存储和处理的实际情况来看，这两类表是统筹考虑的结果。实时数据信息量大，存储占用的空间大，处理起来耗费的时间长，必须定时清理。历史数据是根据设定的故障隐患判断阈值对实时数据的精简，重要性大，数据量小，存储占用的空间小，相应地处理起来耗费的时间也短。

例如，应变和温度信息可以直接显示在曲线图和 K 线变化图中。实时曲线图详细准确，但是只能显示一个监测周期的数据，不容易看出变化趋势。历史 K 线图根据需要计算某个单位时间段内（例如一小时、一天等）数据的最高、最低和加权平均值，能看出较长时间段内的变化情况，但是数据比较粗略。两者相互补充能达到理想的监测效果。

7.2.2 管理系统体系结构

为了开发、维护和升级的方便，监测系统采用典型三层 B/S 架构。这种架构的特点是客户端无需安装任何软件，无需任何维护，只需对服务器端进行维护，操作者能够更快、更方便地上手使用。基于浏览器的界面操作更加简单、方便，轻松上手，随时随地，只要能够联网，就可以使用本系统。相对于传统的单机版或 C/S 结构软件，三层 B/S 结构具有如下优势：

（1）简单易用。客户端基于浏览器，无需安装任何软件，只要有上网经验，略加指点就能掌握软件的使用，降低了推广难度，减少了培训的工作量。

（2）配置简单。B/S 模式对客户端机器的硬件要求很低，大大降低了用户用于软件维护和升级的难度和费用，使办公自动化更加容易实施。

（3）升级方便。系统升级时，只需在服务器上进行配置和维护，客户端无需任何维护。另外，系统采用模块化设计，各子系统之间耦合松散，提供了高度的灵活性和可扩展性。

系统使用微软最新 .Net 框架 3.5 作为系统运行编译的构架。ASP.Net 是建立在微软新一代 .Net 平台架构上，利用普通语言运行时（Common Language Runtime）在服务器后端为用户提供建立强大的企业级 Web 应用服务的编程框架。ASP.Net 可完全利用 .Net 架构的强大、安全、高效的平台特性。

ASP.Net 是运行在服务器后端编译后的普通语言运行时代码，运行时早绑定（Early Binding）、即时编译、本地优化、缓存服务、零安装配置和基于运行时代码受管与验证的安全机制等都为 ASP.Net 带来卓越的性能。

目前 ASP. Net 有三种开发语言，C#，Visual Basic. Net 和 JScrip，本系统采用应用最广的 C#开发语言。

系统的数据和软件的部署如图 7-7 所示：

1）后台数据库采用 SQLServer，保存的实时数据来自 BOTDR、AIS。

2）后台程序完成数据的采集、数据的解析、数据的分类、数据的存放。

3）IIS 完成数据的调取、数据的连接、数据的处理、HTML 文档的生成。

4）监测终端通过浏览器解析 HTML 文档，以图文方式呈现给值班人员。

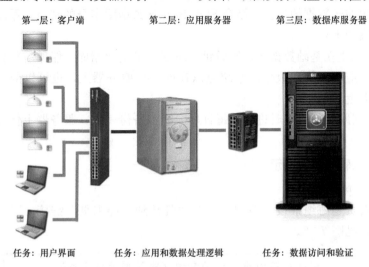

第一层：客户端　　　　　第二层：应用服务器　　　　第三层：数据库服务器

任务：用户界面　　　　任务：应用和数据处理逻辑　　　　任务：数据访问和验证

图 7-7　管理系统的三层体系结构

7.2.3　数据库选择

考虑到兼容性和成本，系统可采用微软公司的 SQL Server 建立后台数据库。SQL Server 数据库管理的优点包括：

（1）数据库镜像。通过新数据库镜像方法，将记录档案传送性能进行延伸。可以使用数据库镜像，通过将自动失效转移建立到一个待用服务器上，增强 SQL 服务器系统的可用性。

（2）在线恢复。使用 SQL 服务器，数据库管理人员可以在 SQL 服务器运行的情况下，执行恢复操作。在线恢复改进了 SQL 服务器的可用性，因为只有正在被恢复的数据是无法使用的，而数据库的其他部分依然在线、可供使用。

（3）在线检索操作。在线检索选项可以在指数数据定义语言（DDL）执行期间，允许对基底表格、集簇索引数据和任何有关的检索进行同步修正。当一个集簇索引正在重建的时候，可以对基底数据继续进行更新，并且对数据进行查询。

（4）快速恢复。新的、速度更快的恢复选项可以改进 SQL 服务器数据库的可用性。管理人员能够在事务日志向前滚动之后，重新连接到正在恢复的数据库。

系统将 BOTDR 最值表作为实时信息的精简，将 AIS 历史信息作为实时信息的副本，将 AIS 历史报警信息作为实时报警信息的副本。数据表分散后，数据库占用空间稍有增大，但是不同的功能访问不同表中的相同数据，不仅检索速度得到提高，而且有效降低了并发负荷。

为了提高系统性能，方便系统的开发与维护，增强系统的可靠性、可扩充性，同时也便于数据的备份，结合 SQL Server 数据库本身的特点，系统的数据库规划方案如下：

1）首先建立基础数据库，然后建立应变与温变数据库、船舶航行信息数据库。此外，应用系统和数据库系统可以在同一台服务器上，也可以分开在两台不同服务器上。

2）数据库备份将定时进行，每日早中晚各备份一次，服务器上保留一周的备份数据。

7.2.4 软件界面展示

1. 进入功能导航页

系统首页是海缆敷设示意图，点击"跳转到功能主页"链接，即可进入功能导航页，见图 7-8。

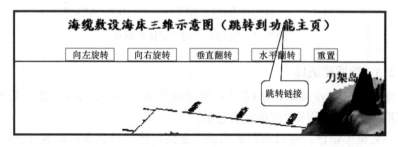

图 7-8 海缆示意图

在功能导航页选取功能子系统即可进行监测，见图 7-9。

图 7-9 功能导航

在不同子系统之间切换时，可直接点击页面中上部菜单条上的链接，见图7-10。

图7-10 快捷链接

2. 应变监测

（1）实时应变。点击"实时应变"即可进入实时应变监测页面，见图7-11。在这个页面中可以设置监测时间（默认是当前时间）、刷新频率、叠加的曲线。应变过高产生报警时，摄像头自动偏转到海缆对应位置录像。应变的单位 $\mu\varepsilon$ 表示百万分之一的应变。实时信息显示是本系统的基本功能。为了便于对照，三相海缆的实时信息叠加显示，也可以通过鼠标操作分相显示。

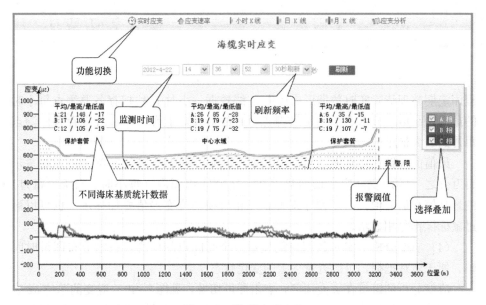

图7-11 海缆实时应变

（2）应变速率。应变速率链接在页面顶部，点击即可切换，见图7-12。应变的单位 $\mu\varepsilon$ 表示百万分之一的应变。应变速率显示应变在设定的测试间隔中的应变变化情况。应变速率过高产生报警时，摄像头自动偏转到海缆对应位置录像。为了便于对照，三相海缆的变化速率叠加显示，也可以通过鼠标操作分相显示。

（3）应变最值。大量的实时数据不仅耗费宝贵的硬盘空间，影响系统运行速度，而且变化细微的连续数据也不便于宏观了解海缆运行状况。因此由后台

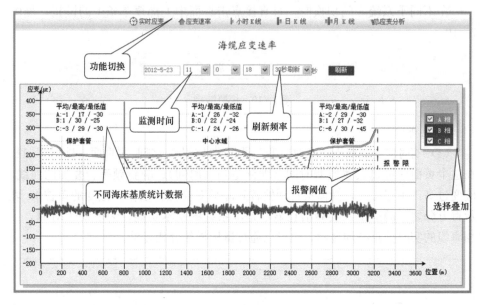

图 7-12　海缆应变速率

程序定期整理清除实时数据形成历史 K 线数据。小时 K 线保存各监测点每小时的最大最小值，日 K 线保存各监测点每日的最大最小值，月 K 线保存各监测点每月的最大最小值。

　　最值曲线链接在页面顶部，点击即可切换，见图 7-13。应变的单位 $\mu\varepsilon$ 表示百万分之一的应变。应变最值显示在一定时间周期内（每小时、每天、每月）的最高值和最低值。为了便于对照，三相海缆的应变最值叠加显示，也可以通过鼠标操作分相显示。

　　（4）应变分析。实时数据只能显示一个时间点的信息，三维分布图带时间轴，便于宏观把握，可以查看一天的变化状态。

　　应变分析的链接在页面顶部，点击即可切换，见图 7-14。应变的单位 $\mu\varepsilon$ 表示百万分之一的应变。应变分析将一天的应变显示在带时间轴的三维区间中。为了便于对照，三相海缆的应变分析叠加显示，也可以通过鼠标操作分相显示。

　　（5）应变预测。除了船舶锚挂直接拉断海缆，由于潮汐、暗流拉动海缆，或海缆老化，积累效应也会使海缆出现故障。积累效应完全可以根据历史数据变化进行预测。本系统采用牛顿插值法进行预测，采样数据的时间周期跨度从70min 到 7 个月。

　　点击"应变预测"即可进入应变预测页面，见图 7-15。应变的单位 $\mu\varepsilon$ 表示百万分之一的应变。应变预测是根据应变历史数据预测给定时间点的应变值。预测采数周期有 1 天、1 周、1 月。为了便于对照，三相海缆的实时信息叠加显

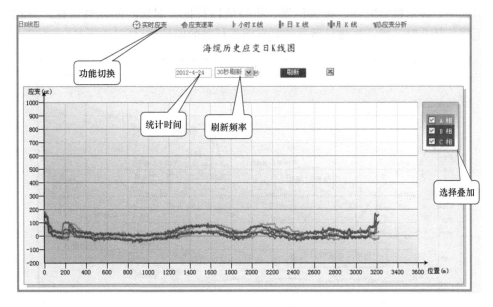

图 7 - 13　海缆应变最值

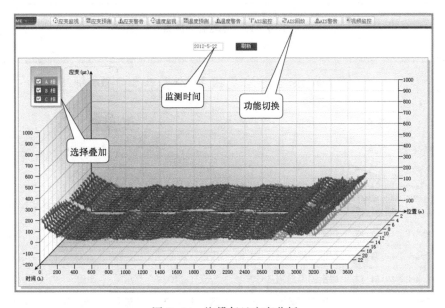

图 7 - 14　海缆每日应变分析

示，也可以通过鼠标操作分相显示。

（6）应变报警。报警信息历史记录是检查海缆故障和追查事故责任的主要依据。点击"应变警告"即可进入查看应变报警记录页面，见图 7 - 16。在这个页面中，显示报警时间、报警位置、报警值以及报警解除时间，当鼠标停留在报警信息上时，提示框将显示这一刻在附近行驶的船舶信息。

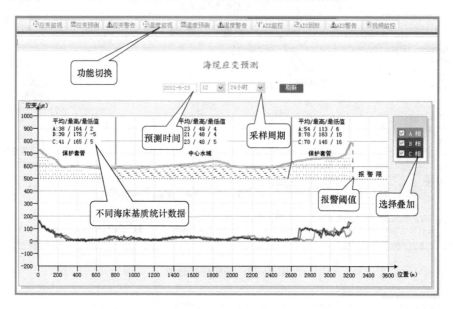

图 7-15　海缆应变预测

时间（鼠标停留显示相关AIS）	位置	应变值	警报状态	警报解除时间
2012-4-22 13:51:17	C相 刀架岛侧 1425 米	656	已解除	2012-4-22 13:52:30
2012-4-22 13:51:17	C相 刀架岛侧 1430 米	1063	已解除	2012-4-22 13:52:30
2012-4-22 13:51:17	C相 刀架岛侧 1435 米	652	已解除	2012-4-22 13:52:30
2012-4-22 13:51:17	C相 刀架岛侧 1425 米	应变升高588	已解除	2012-4-22 14:01:54
2012-4-22 13:51:17	C相 刀架岛侧 1430 米	应变升高1003	已解除	2012-4-22 14:01:54
2012-4-22 13:51:17	C相 刀架岛侧 1435 米	应变升高597	已解除	2012-4-22 14:01:54
2012-4-22 13:36:39	C相 刀架岛侧 440 米	应变升高404	已解除	2012-4-22 13:43:38

图 7-16　海缆应变报警

点击报警记录，将弹出报警位置页面，即可打开查看链接。在这个页面中，显示报警点的经纬度以及在卫星图上的位置。

3. 温度监测

（1）实时温度。点击"实时温度"即可进入实时温度监测页面，见图7-17。在这个页面中可以设置监测时间（默认是当前时间）、刷新频率、叠加的曲线。温度过高产生报警时，摄像头自动偏转到海缆对应位置录像。实时信息显示是本系统的基本功能。为了便于对照，三相海缆的实时信息叠加显示，也可以通过鼠标操作分相显示。

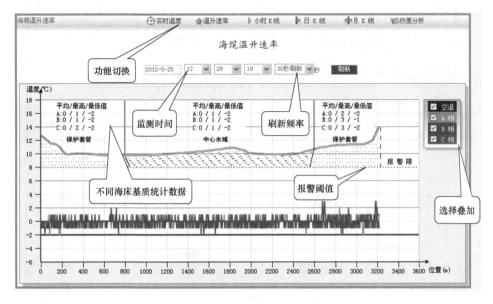

图7-17　海缆实时温度

（2）温度速率。温度速率链接在页面顶部，点击即可切换，见图7-18。温度速率显示温度在设定的测试间隔中的温度变化情况。温度速率过高产生报警时，摄像头自动偏转到海缆对应位置录像。为了便于对照，三相海缆的变化速率叠加显示，也可以通过鼠标操作分相显示。

（3）温度最值。最值曲线链接在页面顶部，点击即可切换，见图7-19。温度最值显示在一定时间周期内（每小时、每天、每月）的最高值和最低值。为了便于对照，三相海缆的温度最值叠加显示，也可以通过鼠标操作分相显示。

（4）温度分析。温度分析的链接在页面顶部，点击即可切换，见图7-20。温度分析将一天的温度显示在带时间轴的三维区间中。为了便于对照，三相海缆的温度分析叠加显示，也可以通过鼠标操作分相显示。

（5）温度预测。点击"温度预测"即可进入温度预测页面，见图7-21。温度预测是根据温度历史数据预测给定时间点的温度值。预测采数周期有一天、

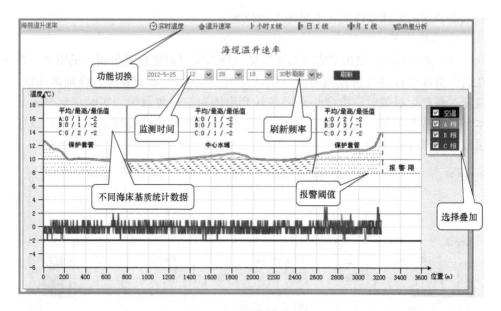

图 7-18　海缆温度速率

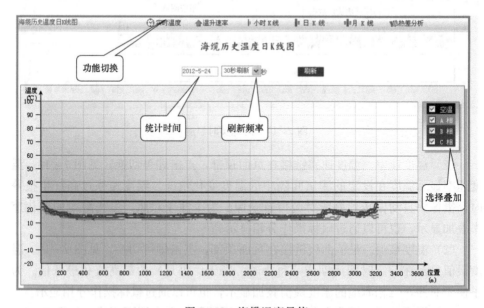

图 7-19　海缆温度最值

一周、一月。为了便于对照，三相海缆的实时信息叠加显示，也可以通过鼠标操作分相显示。

　　（6）温度报警。点击"温度警告"即可进入查看温度报警记录页面，见图

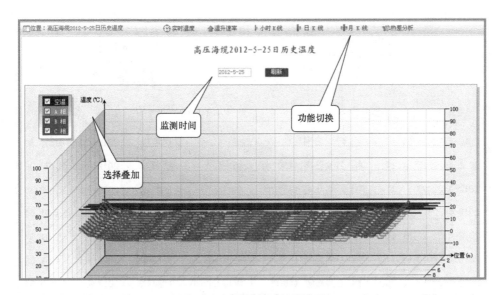

图 7 - 20 海缆每日温度分析

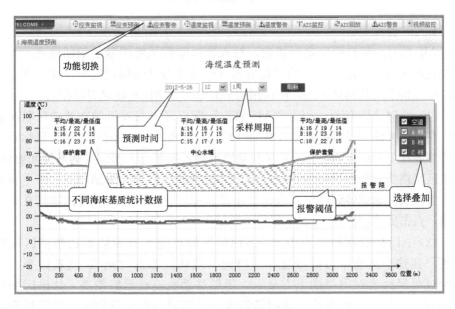

图 7 - 21 海缆温度预测

7 - 22。在这个页面中，显示报警时间、报警位置、报警值以及报警解除时间，鼠标停留可以显示当时报警区域船舶航行状态。

点击报警记录，即可打开查看报警位置链接。在这个页面中，显示报警点的经纬度以及在卫星图上的位置。

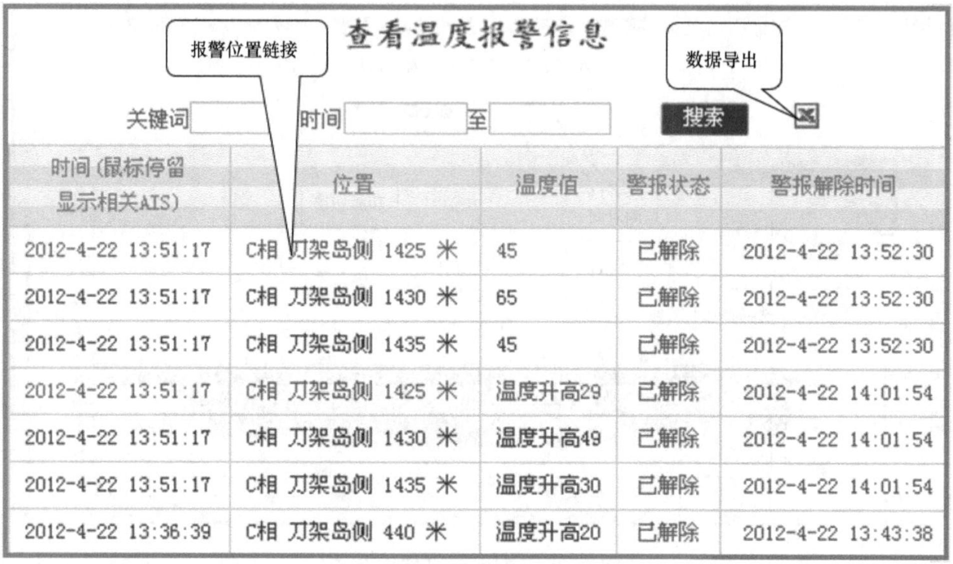

时间（鼠标停留显示相关AIS）	位置	温度值	警报状态	警报解除时间
2012-4-22 13:51:17	C相 刀架岛侧 1425 米	45	已解除	2012-4-22 13:52:30
2012-4-22 13:51:17	C相 刀架岛侧 1430 米	65	已解除	2012-4-22 13:52:30
2012-4-22 13:51:17	C相 刀架岛侧 1435 米	45	已解除	2012-4-22 13:52:30
2012-4-22 13:51:17	C相 刀架岛侧 1425 米	温度升高29	已解除	2012-4-22 14:01:54
2012-4-22 13:51:17	C相 刀架岛侧 1430 米	温度升高49	已解除	2012-4-22 14:01:54
2012-4-22 13:51:17	C相 刀架岛侧 1435 米	温度升高30	已解除	2012-4-22 14:01:54
2012-4-22 13:36:39	C相 刀架岛侧 440 米	温度升高20	已解除	2012-4-22 13:43:38

图 7-22　海缆温度报警

4. AIS 监控

AIS信息由后台程序定时接收，写入数据库后从终端显示船舶航迹。为了更加直观简洁，采用卫星航拍图做底图（海缆分布已经标定完毕，在底图上显示，在现场采用禁锚区海图，测试用的华北电力大学附近区域卫星图）。

（1）实时 AIS 信息。点击“AIS 监控”即可进入查看船舶在禁锚区状况页面。在这个页面中可以设置监控时间（默认是当前时间）、刷新频率。鼠标经过处经纬度在卫星图上方显示，船舶移动轨迹显示船舶进入禁锚区的航线和航向。禁锚区网格线是为报警设置的，距离海缆越近的网格报警级别越高。产生报警时，摄像头自动偏转到网格对应位置录像。AIS 回放和 AIS 报警的链接在页面顶部，点击即可切换。

（2）AIS信息回放。点击“AIS 回放”即可进入查看船舶在禁锚区状况页面。在这个页面中可以设置回放时间（默认是当前时间）、刷新频率。鼠标经过处经纬度在卫星图上方显示，船舶移动轨迹显示船舶进入禁锚区的航线和航向。禁锚区网格线是为报警设置的，距离海缆越近的网格报警级别越高。AIS 回放和 AIS 实时模块显示的内容基本相似，但是数据来源不同。AIS实时显示采用实时 AIS 信息为数据源，AIS 回放显示采用历史 AIS 信息为数据源。

（3）查看 AIS 报警信息。AIS 报警信息历史记录也是追查事故责任的主要依据，见图 7-23。在这个页面中，显示报警时间、报警位置以及经纬度。经纬度信息直观性较差，系统根据距离海缆的位置将禁锚区划分为 52 个区域，编号从 A01～A26，B01～B26，编号 A 开始的区域比编号 B 开始的区域离海缆更近，编号后两位越大，表示区域距离值班室越远。

查看AIS报警信息　数据导出

报警位置链接

关键词　时间　　　至　　　　　搜索

报警时间	报警原因	船舶编号	船舶名称	类型	经度	纬度	位置	速度	方向	警报状态
2012-5-24 23:24:11	船速太	413505740			119.685	25.4336	B04	0.1	340	已解除
2012-5-24 23:23:41	船速太低	413505740			119.685	25.43363	B04	0.1	340	已解除
2012-5-24 23:23:32	船速太低	413505740			119.685	25.43364	B04	0.1	340	已解除
2012-5-24 23:23:21	船速太低	413505740			119.685	25.43365	B04	0.1	340	已解除
2012-5-24 23:23:11	船速太低	413505740			119.685	25.43365	B04	0.1	340	已解除
2012-5-24 23:23:01	船速太低	413505740			119.685	25.43365	B04	0.1	340	已解除
2012-5-24 23:22:52	船速太低	413505740			119.685	25.43366	B04	0.1	340	已解除
2012-5-24 23:22:41	船速太低	413505740			119.685	25.43367	B04	0.1	340	已解除

图 7 - 23　查看 AIS 报警信息

点击报警信息，将弹出页面，显示报警点的经纬度以及报警船舶与海缆在海图上的相对位置。

5. 实时报警

登录系统后，系统右侧显示实时报警信息，见图 7 - 24。包括光纤断点位置、应变报警、应变升高报警、温度报警、温度升高报警以及 AIS 报警。系统产生报警时，根据报警类型产生不同的报警声音，值班人员根据报警类型采取相应的应对措施。

6. 视频监控

点击"视频监控"即可进入查看禁锚区视频页面，见图 7 - 25。输入用户名：guest 密码：guest 即可以普通用户身份进入。

（1）实时预览。视频监控的操作分两步，先点取显示区域，再点选查看通道，见图 7 - 26。

图 7 - 24　查看报警列表

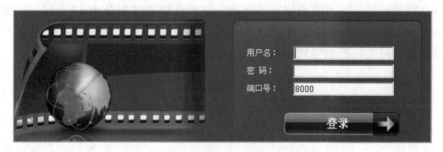

图 7-25　登录系统

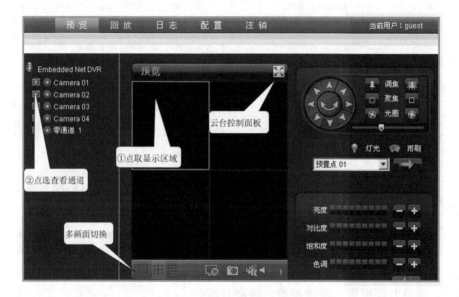

图 7-26　查看实时录像

系统有两部摄像机，云台控制的操作也分两步，先点取显示区域，再对显示区域进行云台操作。

（2）录像回放。录像回放的操作分四步。

1）先点取显示区域。

2）再点选查看通道。

3）在日历栏处点选日期，查找。

4）播放查找的内容，拖动进度条可以跳转到特定的时刻，点取"下载"按钮可以下载视频到本地（下载文件存放文件夹可以通过配置菜单进行设置）。

本 章 小 结

　　本章给出了基于分布式光纤传感技术的海底电缆状态监测系统软件和硬件系统架构，对硬件组成、参数、功能，软件体系结构、数据库设计、软件界面等进行了详细说明和展示，为工程应用提供了详细的技术参考。

参考文献

[1] Thomas Worzyk. Submarine power cables：design，installation，repair，environmental aspects ［M］. New York：Springer，2009：1-10.

[2] 王裕霜. 国内外海底电缆输电工程综述 ［J］. 南方电网技术，2012，6（2）：26-30.

[3] 马伟锋，崔维成，刘涛，等. 海底电缆观测系统的研究现状与发展趋势 ［J］. 海岸工程，2009，28（3）：76-84.

[4] 赵健康，陈铮铮. 国内外海底电缆工程研究综述 ［J］. 华东电力，2011，39（9）：1477-1481.

[5] Jiang Q，Sui Q. Technological study on distributed fiber sensor monitoring of high voltage power cable in seafloor ［A］. 2009 IEEE International Conference on Automation and Logistics ［C］. IEEE Computer Society，2009：1154-1157.

[6] 田培根，邝洪波，左名久，等. 海底光缆线路故障规律分析及对策研究 ［A］. 第二届全国海底光缆通信技术研讨会论文集 ［C］. 北京：中国机械出版社，2009：58-64.

[7] 郭士毅. 海底电缆外伤及探测 ［J］. 电信工程技术与标准化，1998，（2）：41-46.

[8] 徐丙垠. 电力电缆故障探测技术 ［M］. 北京：机械工业出版社，1999：50-61.

[9] 舟山电力局. 一种海底光纤复合缆故障类型的分析方法 ［P］. 中国专利：201110168832.0，2012-02-15.

[10] 吴明祥，欧阳本红，李文杰. 交联电缆常见故障及原因分析 ［J］. 中国电力，2013，46（5）：66-70.

[11] 王昆，李敏雪，生宏，等. 海底电缆的故障检测及修复工艺方法 ［J］. 电气传动自动化，2012，（5）：61-65.

[12] 孙宏伟，叶宽，张艳丽. 交联电缆故障分析 ［A］. 全国第八次电力电缆运行经验交流会论文集 ［C］. 北京：中国电力出版社，2008：556-576.

[13] 曹火江. 海底电（光）缆的保护和管理 ［J］. 电线电缆，2006（3）：34-38.

[14] 朱永兴，李峰. 海潮对海底电缆铠装钢丝的腐蚀影响 ［J］. 传输线技术，1982（3）：28-32.

[15] 彭婵. 500kV海南联网海底电缆试验技术研究 ［D］. 武汉：华中科技大学，2009.

[16] 尹刚，徐卫东，姜礼彬. 海底电力电缆故障诊断系统 ［J］. 农村电气化，2007，（10）：51-53.

[17] 张若英，徐志发. 突发海缆故障折射深层次问题合理布局及大力推广.cn域名是关键 ［J］. 世界电信，2009，（9）：37-40.

[18] Working Group 021 of Study Committee 21. Recommendations for mechanical test on submarine cables ［J］. Electra，1997，（171）：59-65.

[19] Working Group 021 of Study Committee 21. Recommendations for testing of long AC submarine cables with extruded insulation for system voltage above 30（36）to 150（170）kV ［J］. Electra，2000，（189）：29-37.

[20] 刘刚，刘毅刚. 高压交联聚乙烯电缆试验及维护技术 ［M］. 北京：中国电力出版社，2012：30-79.

[21] 韩伯锋. 电缆故障闪测原理与电缆故障测量 [M]. 西安：陕西科学技术出版社，1993：38‐52.

[22] 姜进方，黄顺利. JZ20‐2 海底复合电缆故障检测及修复 [J]. 中国海洋平台，1994，(1)：36‐41.

[23] 殷杰. 海底光缆护套层故障监测技术 [J]. 光纤与电缆及其应用技术，2010，(2)：18‐21.

[24] 李高健，王晓峰. 基于 GIS 的复合海缆监测系统设计与实现 [J]. 计算机应用与软件，2012，(9)：191‐193.

[25] Katsuta G，Toya A，Muraoka K，et al. Development of a method of partial discharge detection in extra‐high voltage cross‐linked polyethylene insulated cable lines [J]. IEEE Transactions on Power Delivery，1992，7 (3)：1068‐1079.

[26] Wenzel D，Schichler U，Borsi H，et al. Recognition of partial discharges on power units by directional coupling [A]. Ninth International Symposium on High Voltage Engineering [C]. Austria Inst. High Voltage Eng，1995：5626‐5630.

[27] Heizmann T，Aschwanden T，Hahn H，et al. On‐site partial discharge measurements on prenoulded cross‐bonding joints of 170 kV XLPE and EPR cables [J]. IEEE Transactions on Power Delivery，1998，13 (2)：330‐335.

[28] Tian Y，Lewin P L，Davies A E，et al. Partial discharge detection in cables using VHF capacitive couplers [J]. IEEE Transactions on Dielectrics and Electrical Insulation，2003，10 (2)：343‐353.

[29] 罗立华，范黎敏. 在线智能检测高压电力电缆绝缘的技术方法探析 [J]. 湘潭大学自然科学学报，2013，35 (3)：111‐114.

[30] 杜伯学，李忠磊，张锴，等. 220kV 交联聚乙烯电力电缆接地电流的计算与应用 [J]. 高电压技术，2013，39 (5)：1034‐1039.

[31] 颜廷纯，倪承波，周鲁川，等. 基于瞬时性故障行波测距的电力电缆绝缘监测技术 [J]. 电气应用，2012，31 (3)：24‐27.

[32] 吕事桂，杨立，范春利，等. 电缆老化红外热特征数值模拟与分析 [J]. 工程热物理学报，2013，34 (2)：332‐335.

[33] Nishimoto T，Miyahara T，Takehana H，et al. Development of 66kV XLPE submarine cable using optical fiber as a mechanical‐damage‐detection‐sensor [J]. IEEE Transactions on Power Delivery，1995，10 (4)：1711‐1717.

[34] Tayama H，Fukuda O，Yamamoto K，et al. 6.6kV XLPE submarine cable with optical fiber sensors to detect anchor damage and defacement of wire armor [J]. IEEE Transactions on Power Delivery，1995，10 (4)：1718‐1723.

[35] Niklès M，Thévenaz L，Salina P，et al. Local analysis of stimulated Brillouin interaction in installed fiber optics cables [J]. NIST Special Publication，1996，(905)：111‐114.

[36] Cherukupalli S，MacPhail A，Nelson R，et al. Monitoring produces higher cable ratings [J]. Transmission & Distribution World，2008，60 (12)：38‐43.

［37］ Floden R, Olafsen K, Lundegaard L, et al. Long term electrical properties of XLPE cable insulation system for subsea applications at very high temperatures ［A］. Conference on Electrical Insulation and Dielectric Phenomena ［C］. Institute of Electrical and Electronics Engineers Inc., 2005: 265 - 268.

［38］ 蒋奇，张建，杨黎鹏. 海底高压动力电缆在线监测技术与实验研究 ［J］. 高电压技术，2007, 177 (8): 198 - 202.

［39］ Nishimoto T, Miyahara T, Takehana H, et al. Development of 66kV XLPE submarine cable using optical fiber as a mechanical - damage - detection - sensor ［J］. IEEE Transactions on Power Delivery, 1995, 10 (4): 1711 - 1717.

［40］ 杨黎鹏. 基于光纤布里渊散射的分布式传感海底电缆在线监测技术研究 ［J］. 船海工程，2009, 38 (3): 139 - 142.

［41］ 朱晓辉，杜伯学，周风争，等. 高压交联聚乙烯电缆在线监测及检测技术的研究现状 ［J］. 绝缘材料，2009, (5): 58 - 63.

［42］ 黄荣钦. 基于温度测量的电缆线路故障分析与定位技术 ［J］. 机电信息，2011, (15): 117 - 119.

［43］ 刘毅刚，罗俊华. 电缆导体温度实时计算的数学方法 ［J］. 高电压技术，2005, 31 (5): 52 - 54.

［44］ 牛海清，周鑫. 外皮温度监测的单芯电缆暂态温度计算与实验 ［J］. 高电压技术，2009, 35 (9): 2138 - 2143.

［45］ IEC 60287 - 3, Calculation of the Current Rating - Part 3: Sections on Operating Conditions ［S］. USA: International Electrotechnical Commission, 1999.

［46］ 赵健康，樊友兵，王晓兵，等. 高压电力电缆金属护套下的热阻特性分析 ［J］. 高电压技术，2008, 34 (11): 2483 - 2487.

［47］ Tarasiewicz E, Kuffel E, Grzybowski S. Calculations of temperature distributions within cable trench backfill and the surrounding soil ［J］. IEEE Transactions on Apparatus and Systems, 1985, 3 (8): 1973 - 1977.

［48］ 梁永春，柴进爱，李彦明，等. 有限元法计算交联电缆涡流损耗 ［J］. 高电压技术，2007, 33 (9): 196 - 199.

［49］ 陆莹，黄辉. 基于分布式光纤传感技术的高压海底电缆外力损坏仿真 ［J］. 电气技术，2012, (12): 87 - 90.

［50］ 李高健，王晓峰. 基于 GIS 的复合海缆监测系统设计与实现 ［J］. 计算机应用与软件，2012, 29 (9): 185 - 187.

［51］ W. Zhao, Y. H. Song, Y. Min. Wavelet analysis based scheme for fault detection and classification in underground power cable systems ［J］. Electric Power Systems Research, 2000, 53 (1): 23 - 30.

［52］ R. N. Mahanty, P. B. Dutta Gupta. A fuzzy logic based fault classification approach using current samples only ［J］. Electric Power Systems Research, 2007, 77 (5): 501 - 507.

［53］ 罗静，颜敏，孙慰迟. 多纤复用环形国际海光缆故障影响统计计算法 ［J］. 南昌工程学院

学报，2008，(6)：24-28.

［54］远航．波浪作用下埕岛油田海底管线稳定性数值分析［D］．青岛：中国海洋大学，2009.

［55］Abhishek Pandey，Nicolas H. Younan．傅里叶变换用于地下电缆故障检测（英文）［J］．高电压技术，2011，37（11）：2686-2692.

［56］刘辉．电缆故障诊断理论与关键技术研究［D］．武汉：华中科技大学，2012.

［57］鲍永胜．电力电缆局部放电在线监测与故障诊断［D］．北京：北京交通大学，2012.

［58］M. García-Gracia，A. Montañés，N. El Halabi，M. P. Comech. High resistive zero-crossing instant faults detection and location scheme based on wavelet analysis［J］．Electric Power Systems Research，2012，(92)：138-144.

［59］J. Upendar，C. P. Gupta，G. K. Singh. Statistical decision-tree based fault classification scheme for protection of power transmission lines［J］．International Journal of Electrical Power & Energy Systems，2012，36（1）：1-12.

［60］杨春宇．电力电缆故障分析与诊断技术的研究［D］．大连：大连理工大学，2013.

［61］张正超．电力电缆局部放电监测与绝缘故障诊断［D］．武汉：湖北工业大学，2013.

［62］Huseyin Eristi. Fault diagnosis system for series compensated transmission line based on wavelet transform and adaptive neuro-fuzzy inference system［J］．Measurement，2013，46（1）：393-401.